健身、減重 必讀人體操作手冊

超・基礎
人體學

監修 內科醫師・整合醫學科醫師 **工藤孝文**

楓葉社

前言

首先，感謝大家從琳瑯滿目的眾多書籍中選擇了這本書。

再來，請問大家對於「人體」有多麼感興趣呢？

我最近忙於參與媒體演出、診療工作，壓力大到超過身心負荷的極限，也因為這個緣故過度勞累而倒下。當時我並沒有意識到自己已經相當勞累，所以當我得知倒下的原因是過勞時，真的是驚訝到說不出話來。現在仔細回想，我一直在不知不覺中勉強硬撐，而更讓我覺得難過的是即便恢復正常生活，我仍舊無法好好調控自己的心理與身體。身為一名內科醫師，每天接觸來自四面八方的患者，這次發生這件事正好讓我有機會重新審視自己的身體。

打從新型冠狀病毒這種新型態的感染症蔓延以來，每個人對這種未知病毒心生畏懼，全世界更是陷入難以預測的險峻情勢中。因為這個緣故，過去從未深入思考感冒等感染症與各種疾病的人，為了保護自己和家人的健康，不僅對感染管控更有警覺性，也開始重新審視自己的身體。除此之外，疫情期間減少非必要外出造成壓力大增、缺乏運動、肥胖，讓不少人開始減重，開始進行居家徒手訓練。當然了，也有人是因為受傷、懷孕、生產而初次有了好好面對自己身體的機會。

本書第一章將介紹身體的構造與運作，幫助讀者重新了解自己的身體。第二章列舉疾病、不適症狀、受傷等情況，讓讀者了解身體的內部大概發生什麼問題。第三章介紹打造理想身體所需要的基本知識，學習健康減重與鍛鍊肌力的訣竅。第四章則透過圖表等淺顯易懂的方式解說心理狀態如何影響身體的機制。

最後，誠心希望本書的讀者能藉由了解人體，促進與他人之間的相互理解，進而改善人際關係。

或許有人會認為「人體和人際關係之間有什麼相關性呢？」本書將解說男女性身體的差異和年齡增長可能引起的身體變化、體質差異等的身體問題，舉例來說，如果夫婦之間能夠互相深入了解彼此的身體，就更能體諒與關心對方。而在職場上，若能費點心思關心對方的身體，肯定會對增進人際關係有所幫助。

誠心希望這本書能幫助大家打造出健康的身體，做好身心管理，並與周遭的人建立起良好的人際關係。

監督編修　工藤孝文

目錄

Chapter 2

身體的不適症狀與疾病

何謂疾病

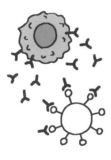

Chapter 3 打造理想中的身體

認識身體
就是了解自己
和他人

> 讓我們一起
> 學習身體的
> 大小事吧！

> 我們是
> 各位的嚮導。

從出生到死亡，人一輩子都與自己的身體相伴，只要充分了解自己的身體，便能更輕鬆地面對自己。了解身體不僅對維持健康很有幫助，也能因為更能體諒他人而使人際關係變得更加融洽。

加深男女之間的相互理解

男性女性的身體除了外觀上有顯而易見的差異，肌肉量、骨骼架構、分泌的荷爾蒙等也都不盡相同，這些差異容易誘發不同疾病與身體不適。透過對彼此性別的了解，我們可以更有同理心。

了解懷孕婦女的辛苦

出現在女性身體的週期性月經是為了懷孕的必須生理現象。透過認識卵子與精子的相遇並奇蹟似地孕育生命、懷孕對母體的影響、生產過程等等，深刻了解孕婦和生產的辛苦。

了解病人的辛苦與疼痛

疾病、不適症狀的程度、出現時機等都因
個人體質、體型、性別、年齡而有所差
異。透過了解自己未曾罹患的疾病，期許
自己更能擁有一顆憐憫的心。

了解打造理想身體的方法

想要增肌或減脂等打造理想的身材，最基
本的方式是先了解肌肉的構造、從食物中
攝取營養等知識，以及身體運作原理，如
此才能有效率地塑造理想中的身體型態。

想要瘦一點

想要增加肌肉

了解心理控制方法

壓力和心理負擔無法透過肉眼看出來，不
明原因的不適症狀或表現在身體上的症
狀，起因可能出自心理。透過了解心理與
身體之間的關係，才有辦法掌控自己的心。

身體與歷史

從古至今，隨著醫學的進步與文化上的發展，人們在面對身體構造和理解身體的方式上產生了什麼樣的變化？

古代

疾病是因為惡靈作祟

在古希臘‧美索不達米亞文明中，人們認為疾病是惡靈或已故祖先的詛咒所引起。治療方法除了傷口護理與藥物治療，還包括對神明的祈禱。

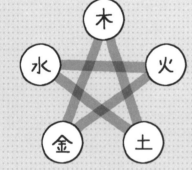

西元前

疾病和不適症狀
因失衡而引起

醫學起源於中國、印度、希臘等地，人們認為要維持健康的身體，需要穩定的情緒與均衡的飲食，一旦失去平衡會導致疾病的產生。

7～9世紀

確立醫學，
興辦醫院

在此之前，病患和負傷者主要被送往神殿或修道院接受治療，但大約從這時候起，開始興辦從事治療行為的「醫院」設施。不僅確立了醫學，也開始設立學習醫學的醫學校。

14

20～21世紀
重視心理照護，邁向人生100年時代

在現今這個時代，重視心理健康的精神醫學逐漸發展，先進國家的平均壽命也持續延長。另一方面，過度飲食造成肥胖或慢性病成為一大隱憂，因此積極推動健康壽命是刻不容緩的課題。改善老化和自卑感的美容整形也變得更加普遍且便宜。

18～19世紀
科學進步帶動醫學發達

科學的快速發展促使醫學有了飛躍性的進展，像是疫苗、麻醉、X光攝影的發明。打從14世紀以來一直困擾醫學界多年的鼠疫或天花等致命疾病，現今也都有了治療方法。另一方面，細菌的發現亦推翻了過去疾病是髒水和髒空氣所致的瘴氣論。

14～17世紀
人體解剖學是一種藝術表現

進入文藝復興時期後，解剖學研究有了顯著進展，人們對人體構造產生極大興趣。這時候出現不少詳細描繪內臟、肌肉、骨骼、腦、消化器官等人體內部構造的畫作。而過去被視為羞恥的裸體也以藝術表現的形式受到世人關注，大量藝術家創作各式各樣裸體雕刻與繪畫作品。

為身體做了哪些努力

每週3次，晚飯後踩腳踏車做有氧運動

每週3次居家踩腳踏車。不是室內健身車，而是將公路車裝在智慧訓練台上，邊騎邊測量速度、轉數和心跳數。這是晚飯後的一大樂趣。

插畫家・秋葉AKIKO

攝取保健食品和蛋白質、每週6天進行體訓是例行公事！

每天早上在固定時間服用EAA（胺基酸保健食品）。每天吃2根香蕉預防低血糖。運動習慣基本上為每週6天到健身房運動，再加上每週3天游泳。運動後45分鐘內補充乳清蛋白、動物性蛋白質（雞肉）、納豆和豆腐。

銷售員・小山步

不累積身心疲勞

接納真實的自己和為他人貢獻有助於調整身心狀態。所以平時會有意識地努力做到這兩點，盡量不累積身心疲勞。

監製・工藤孝文

晚餐少吃點，盡量減少脂肪攝取

胃不好又容易消化不良，所以盡量不在深夜或睡前吃東西。健康檢查得知自己因體質關係而膽固醇過高，所以隨時注意不攝取過量的脂肪。

編輯・藤門杏子

大量攝取膳食纖維

攝取大量膳食纖維有助於解決便祕問題。深受便祕所苦的我每天研究自己的身體，試著找出最能幫助排便的食物。最後發現只要多吃富含膳食纖維的食物，體重自然逐漸下降。

設計師・春日井智子

每週慢跑1次！

每週至少慢跑1次。沿著固定路線慢跑，大約6km的距離。

業務員・酒井清貴

身體真是不可思議

肌肉、骨骼、內臟、血管……，

人類從出生到死亡，

透過全身器官的運作才得以自由活動，

才得以維持生命。

讓我們一起深入了解身體的構造與機制。

01

身體內部發生什麼事呢？

人無時無刻都在消耗能量

人需要能量以維持生命。透過食物中的營養和從呼吸中獲得的氧氣經化學反應後產生能量，然後能量再經由化學反應分解並供給身體使用。像這樣發生在體內的一連串化學反應，稱為新陳代謝。

不僅清醒狀態下會發生新陳代謝作用，睡眠中也會持續進行新陳代謝。睡夢中的身體在無意識狀態下持續運作以維持正常體溫、呼吸和血壓，因此睡眠中也必須消耗能量。7～8小時的睡眠時間相當於慢跑30～40分鐘，約需消耗300大卡的熱量。

除此之外，身體還會無意識進行各項活動，24小時不間斷持續

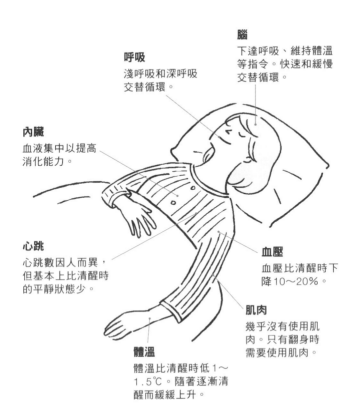

睡眠中

身體在睡眠期間會無意識地進行哪些活動呢？

腦
下達呼吸、維持體溫等指令。快速和緩慢交替循環。

呼吸
淺呼吸和深呼吸交替循環。

內臟
血液集中以提高消化能力。

心跳
心跳數因人而異，但基本上比清醒時的平靜狀態少。

血壓
血壓比清醒時下降10～20%。

肌肉
幾乎沒有使用肌肉。只有翻身時需要使用肌肉。

體溫
體溫比清醒時低1～1.5℃。隨著逐漸清醒而緩緩上升。

相關內容　睡眠：P84

身體無意識地進行各項活動。

運作。舉例來說，食物進入體內後，腸胃開始進行消化運動。異物進入體內時，藉由打噴嚏逐出異物且免疫系統自行啟動。身體感受到危險或周遭溫度產生變化時，為了維持生命，自律神經與荷爾蒙啟動一連串作用以維持體溫和保持體內固定的水分量。我們的身體運作就是如此精緻巧妙。

清醒時

白天平靜狀態下的身體又會進行哪些活動呢？

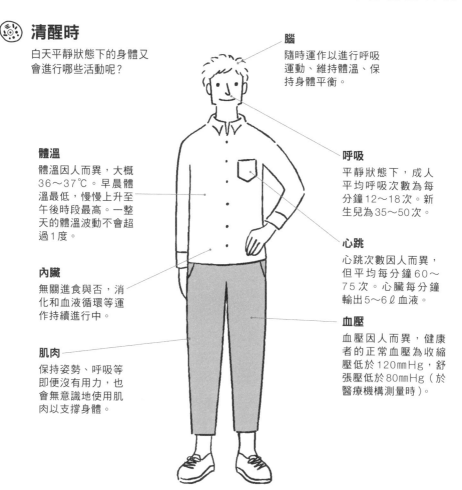

腦
隨時運作以進行呼吸運動、維持體溫、保持身體平衡。

體溫
體溫因人而異，大概36～37℃。早晨體溫最低，慢慢上升至午後時段最高。一整天的體溫波動不會超過1度。

內臟
無關進食與否，消化和血液循環等運作持續進行中。

肌肉
保持姿勢、呼吸等即便沒有用力，也會無意識地使用肌肉以支撐身體。

呼吸
平靜狀態下，成人平均呼吸次數為每分鐘12～18次。新生兒為35～50次。

心跳
心跳次數因人而異，但平均每分鐘60～75次。心臟每分鐘輸出5～6ℓ血液。

血壓
血壓因人而異，健康者的正常血壓為收縮壓低於120mmHg、舒張壓低於80mmHg（於醫療機構測量時）。

走路

大腦掌管運動功能的部分持續運作中。

體溫和呼吸次數皆高於安靜狀態時。

以大腿、臀部、小腿、腹肌等下半身肌肉為主，使用全身70～80%的肌肉。

投球

大腦掌管運動功能和平衡感的部分運作中。

體溫和呼吸次數皆高於平靜狀態時。

使用全身肌肉。尤其是肩膀、手臂、胸部、腹肌、背肌、大腿、臀部、小腿等部位。

與他人對話

腦的語言中樞（產生語言功能、了解語言功能）運作中。

根據對話內容和對象，可能出現體溫上升、呼吸次數增加等情況。

使用顏面（眼睛、臉頰、嘴巴）、舌頭肌肉。

用餐

大腦的味覺、嗅覺、視覺等感覺中樞運作中，感覺到味道。

血糖於飯後20分鐘左右上升，開始分泌瘦體素（吃飽的荷爾蒙）。

咀嚼和吞嚥主要仰賴下顎和舌頭肌肉。

開始用餐時，體溫逐漸上升。產生的反應因食物種類而異。

食物通過食道進入胃，胃開始進行消化運動。

欣賞電影

因劇情而感動或興奮時，腦內分泌多巴胺等荷爾蒙。

腦的聽覺、視覺、語言中樞等開始運作，活化腦內掌控情感的部分。

體溫和呼吸次數基本上與平靜狀態時差不多，但受到興奮等情感刺激時，可能會產生變化。

書寫文章

書寫的同時，一邊用眼睛追蹤文字，一邊確認文字位置與平衡。

文字表達的記憶、動手的運動神經、語言中樞、視覺等腦內各部位運作中。

除了使用手指和手臂肌肉，為了端正坐姿也必須使用肌肉。

體溫和呼吸次數不變。副交感神經處於優勢，身體進入放鬆模式。

排尿

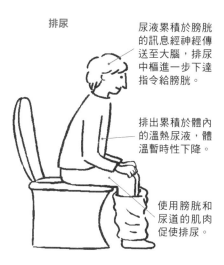

尿液累積於膀胱的訊息經神經傳送至大腦，排尿中樞進一步下達指令給膀胱。

排出累積於體內的溫熱尿液，體溫暫時性下降。

使用膀胱和尿道的肌肉促使排尿。

泡澡

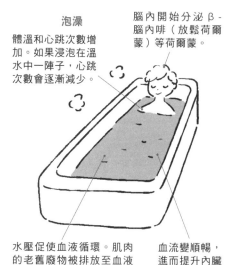

體溫和心跳次數增加。如果浸泡在溫水中一陣子，心跳次數會逐漸減少。

腦內開始分泌 β-腦內啡（放鬆荷爾蒙）等荷爾蒙。

水壓促使血液循環。肌肉的老舊廢物被排放至血液中，疲勞逐漸消除。

血流變順暢，進而提升內臟功能。

02 身體由60兆個細胞構成

體細胞建構身體，生殖細胞負責繁殖

細胞是構成生物體的基本單位，人體是由200多種，共約60兆個細胞建構而成。細胞依性質分為體細胞和生殖細胞。體細胞是指構成身體的所有細胞。無法單獨發揮功能，同性質的細胞集合成組織時才具有特定的功能。組織分為上皮組織、肌肉組織、結締組織、神經組織，數種組織集合在一起，形成像是心臟、肺臟等具有特定功能的器官。而生殖細胞的主要功能則是將個體性質（遺傳信息）傳遞給下一代，精子和卵子便是生殖細胞。

細胞的構造

細胞的主要構成為細胞核和細胞質，細胞外側包覆細胞膜。雖然細胞的種類多樣，但基本的構造皆相同。

粒線體
將醣類轉換成能量來源之一的ATP（三磷酸腺苷）。

核糖體
基於DNA訊息製造蛋白質。

高基氏體
負責將粒線體製造的蛋白質加工修飾（加上醣類或脂質等）後，以顆粒形式分泌至細胞外。

粗糙內質網
表面有核糖體附著的內質網。負責合成蛋白質和製造脂質。

細胞核
位於細胞中央，內有染色體。

平滑內質網
表面沒有核糖體附著的內質網。主要功能為合成與分解膽固醇、貯存鈣質、代謝脂質等。

溶小體
消化處理形成於細胞內的老舊廢物。又稱溶體。

細胞質
位於細胞內，細胞核以外的部分。

細胞膜
包覆在細胞外側的薄膜。

細胞核中的染色體與遺傳息息相關！

22

細胞大致分為2類

依性質來分類，細胞可分為建構身體的體細胞，以及將遺傳訊息傳遞至下一代的生殖細胞。還可以依照功能再將體細胞分為5種。

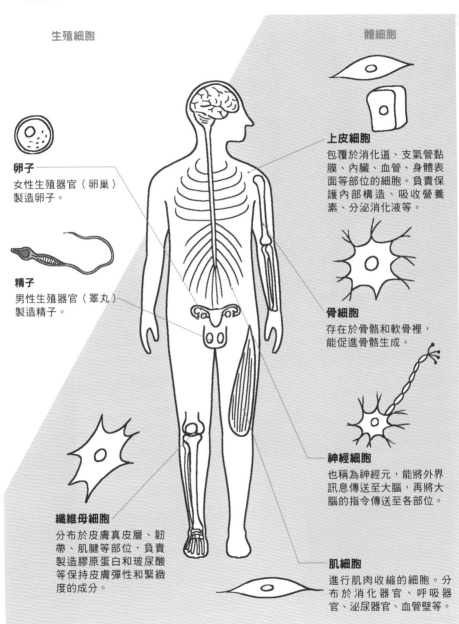

生殖細胞

體細胞

卵子
女性生殖器官（卵巢）製造卵子。

精子
男性生殖器官（睪丸）製造精子。

上皮細胞
包覆於消化道、支氣管黏膜、內臟、血管、身體表面等部位的細胞。負責保護內部構造、吸收營養素、分泌消化液等。

骨細胞
存在於骨骼和軟骨裡，能促進骨骼生成。

神經細胞
也稱為神經元，能將外界訊息傳送至大腦，再將大腦的指令傳送至各部位。

纖維母細胞
分布於皮膚真皮層、韌帶、肌腱等部位，負責製造膠原蛋白和玻尿酸等保持皮膚彈性和緊緻度的成分。

肌細胞
進行肌肉收縮的細胞。分布於消化器官、呼吸器官、泌尿器官、血管壁等。

體重的6成左右都是水，真的嗎？

體液是指存在於體內的水分

體液是指全身體內液體成分的總稱，包含血液、淋巴液、細胞內的組織液，約占成人體重的55～60％。體液具有多項功能，像是輸送氧氣和營養素至全身並清除體內老舊廢物，或是體溫上升時透過出汗方式以散發熱量等。

體液大致分成2種，一種是存在細胞內部的細胞內液，一種是存在細胞外部的細胞外液。細胞內液的成分因細胞種類而異，但細胞外液的成分則近似0.9％濃度的生理食鹽水。這種成分與生命起源的原始海水十分類似。

體液裡所含成分

體液所含成分有：鉀、鈉、鈣等礦物質，以及蛋白質。
細胞內液和細胞外液的成分不一樣。

```
                    體液
         ┌───────────┴───────────┐
    細胞內液                   細胞外液
```

細胞內液

存在細胞內的水分。約占總體液的⅔，占體重的40％。

細胞外液

存在細胞外的水分。約占總體液的⅓，占體重的20％。

・汗液
・血漿（血液中的水分）
・消化液、唾液
・尿液、糞便
・淋巴液等

●體液的3大功用

搬運
藉由血液流動將氧氣和營養素搬運至細胞。

排出
藉由尿液和汗液將老舊廢物排出體外。

調節體溫
以排汗方式散發熱量來維持體溫。

血液約占體重的8％。

相關內容　細胞：P22

身體的水分隨年齡增加而改變

新生兒體內的水分約占體重的8成,隨著年齡的增加而逐漸減少。
水分量也因性別、體型而有所不同。

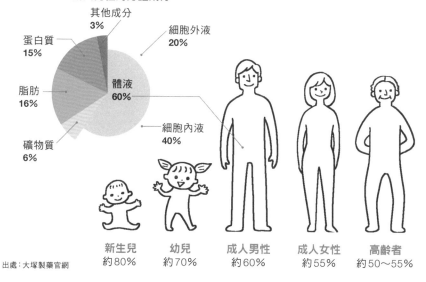

成人男性的身體成分

其他成分 3%
蛋白質 15%
脂肪 16%
礦物質 6%
細胞外液 20%
體液 60%
細胞內液 40%

新生兒 約80%　幼兒 約70%　成人男性 約60%　成人女性 約55%　高齡者 約50〜55%

出處:大塚製藥官網

水分攝取對維持生命至關重要

只要失去2%體重的水分,運動能力就會下降。要知道應該從飲食和水中
攝取多少水分以應對排汗等的水分排出量。

水分減少率	主要脫水症狀
2%	感到口渴
3%	感到強烈口渴、頭昏昏沉沉、食慾不振
4%	皮膚泛紅、焦躁不安、體溫上升、尿量減少、尿液顏色變深
5%	頭痛、發燒、全身疲累
8〜10%	頭暈目眩、痙攣
20%以上	無法排尿、死亡

出處:大塚製藥官網

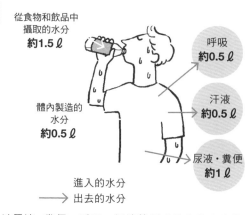

從食物和飲品中攝取的水分 約1.5ℓ

體內製造的水分 約0.5ℓ

呼吸 約0.5ℓ
汗液 約0.5ℓ
尿液・糞便 約1ℓ

進入的水分
→ 出去的水分

以尿液・糞便、呼吸、汗液等形式排出的水分約
2ℓ,扣除體內自行製造的0.5ℓ水分量,還必須從
食物和飲品中攝取大約1.5ℓ的水分。

206塊骨頭
支撐並保護身體

人體共有206塊骨頭，互相組合形成骨架，負起支撐身體、保護腦和內臟的重責大任。骨頭內部由緻密骨和海綿骨構成，緻密骨比較紮實堅硬，海綿骨則像海綿能吸收外來的衝擊力。這些構造使骨頭能承受巨大外力。

另一方面，骨頭內部在造骨細胞和蝕骨細胞的作用下，能不斷地進行新陳代謝。蝕骨細胞破壞老舊骨組織，而造骨細胞則於破壞處將鈣質緊密結合，以形成新的骨質。每隔10年左右，所有的骨頭都會以這種形式汰換過一遍。

骨頭的內部構造

骨頭的主要成分為鈣和磷。和其他臟器一樣，骨頭需要靠血液來補充氧氣和營養素，因此骨頭內部也有血管分佈。

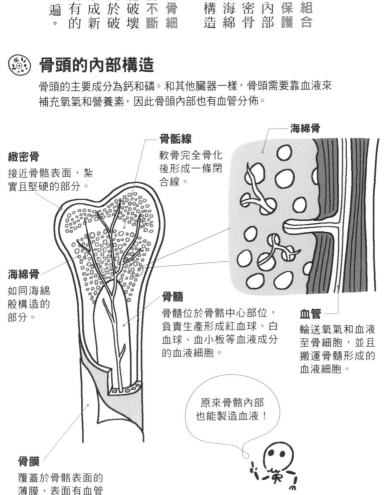

海綿骨

骨骺線
軟骨完全骨化後形成一條閉合線。

緻密骨
接近骨骼表面，紮實且堅硬的部分。

海綿骨
如同海綿般構造的部分。

骨髓
骨髓位於骨骼中心部位，負責生產形成紅血球、白血球、血小板等血液成分的血液細胞。

血管
輸送氧氣和血液至骨細胞，並且搬運骨髓形成的血液細胞。

骨膜
覆蓋於骨骼表面的薄膜，表面有血管和神經通過。

原來骨骼內部也能製造血液！

各部位的骨頭名稱

人體的骨架由206塊骨頭構成,其中最大的是雙腳上的股骨,
2根股骨的重量約占所有骨頭的1/4。

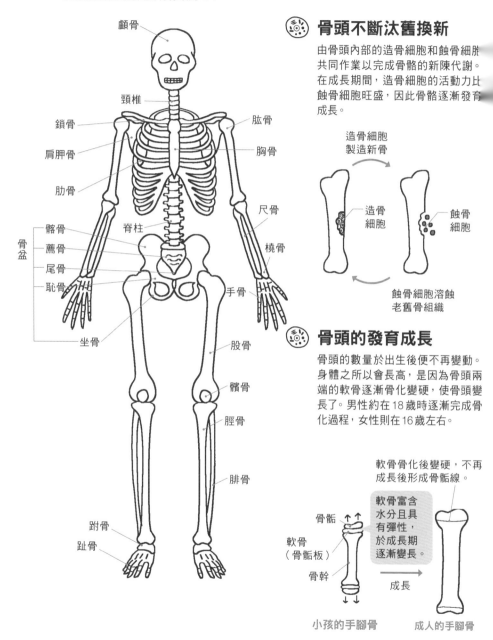

顱骨

頸椎

鎖骨

肩胛骨

肋骨

髖骨
薦骨
尾骨
恥骨

坐骨

骨盆

脊柱

肱骨

胸骨

尺骨

橈骨

手骨

股骨

髕骨

脛骨

腓骨

跗骨

趾骨

骨頭不斷汰舊換新

由骨頭內部的造骨細胞和蝕骨細胞
共同作業以完成骨骼的新陳代謝。
在成長期間,造骨細胞的活動力比
蝕骨細胞旺盛,因此骨骼逐漸發育
成長。

造骨細胞
製造新骨

造骨
細胞

蝕骨
細胞

蝕骨細胞溶蝕
老舊骨組織

骨頭的發育成長

骨頭的數量於出生後便不再變動。
身體之所以會長高,是因為骨頭兩
端的軟骨逐漸骨化變硬,使骨頭變
長了。男性約在18歲時逐漸完成骨
化過程,女性則在16歲左右。

軟骨骨化後變硬,不再
成長後形成骨骺線。

軟骨富含
水分且具
有彈性,
於成長期
逐漸變長。

骨骺

軟骨
(骨骺板)

骨幹

成長

小孩的手腳骨　　　成人的手腳骨

Man & Woman

男女性在骨架上的差異

男女的骨盆和肋骨構造大不相同

男女性的骨骼架構天生有所不同，差異最大的是骨盆形狀。男性的骨盆呈縱向長方形，特徵是骨盆腔狹窄；而女性的骨盆呈橫向長方形，骨盆腔又寬又大，形狀適合懷孕、生產。除了骨盆外，在肋骨處也存在著差異。男性的肋骨寬度由上往下逐漸擴大，而女性則相反，由上往下逐漸變窄。

在骨骼強度方面，女性於停經後，骨骼強度衰減的程度比男性來得顯著。這是因為女性停經後，女性荷爾蒙分泌減少，導致骨質總量下降速度變快，讓骨頭因而變得脆弱。

男女性在骨架上的差異

比較一下男女性的骨架差異。

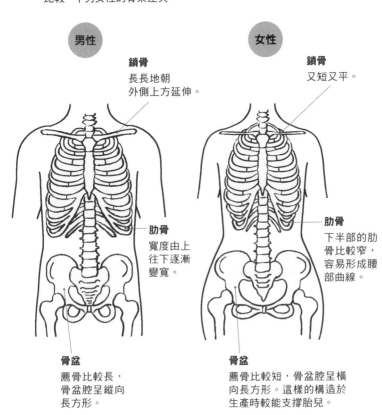

男性

鎖骨
長長地朝
外側上方延伸。

肋骨
寬度由上
往下逐漸
變寬。

骨盆
薦骨比較長，
骨盆腔呈縱向
長方形。

女性

鎖骨
又短又平。

肋骨
下半部的肋
骨比較窄，
容易形成腰
部曲線。

骨盆
薦骨比較短，骨盆腔呈橫
向長方形。這樣的構造於
生產時較能支撐胎兒。

何謂骨質密度

骨質密度是指骨骼中礦物質成分的密度，是骨骼強度的指標。以成年人的平均值為基準，當成百分比（%）。

骨質密度的正常值為80%以上。

骨質密度下降
容易增加骨質疏鬆症的風險

· 容易發生骨折，復原所需時間長
· 容易因骨折造成臥床不起
· 加劇背部和腰部疼痛
· 駝背且腰部彎曲
· 身高縮水變矮

女性於停經後容易有骨質疏鬆症的問題

骨質疏鬆症是指骨質密度降低，骨骼變脆弱的狀態，沒有固定的數值定義。日本的骨質疏鬆症患者超過1300萬人（截至2021年），50歲以上的女性中，每4人中就有1人患有骨質疏鬆症。

骨質總量隨年齡增長而減少

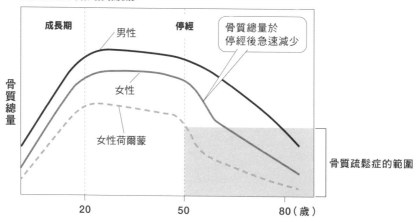

出處：改編自骨質疏鬆症・檢測・衛教指導手冊第2版（Life Science出版2014年）

相關內容 骨質疏鬆症：P136

人類的骨盆形狀在
哺乳類中算是非常獨特的

人類的骨盆呈圓形碗狀，形狀獨特、不同於四足行走的動物，因為人類以雙足站立時，軀幹底部必須支撐起內臟的重量，基於這個緣故，骨盆才會略帶圓形。

骨盆如同臉型和體格，形狀也會因人而異。

人體有大大小小600種肌肉

骨骼肌占體重的40％，主要用於活動身體

肌肉是作用於活動身體的組織，分為骨骼肌、心肌、平滑肌3種。一般所說的肌肉是指骨骼肌，約占體重的40％。骨骼肌能在某種程度上受自我意識的控制，也稱為隨意肌。骨骼肌橫跨關節以連結骨骼，透過拉長與收縮促使身體活動。另外，骨骼肌還具有產熱功能，產生的熱量約占人體產熱總量的60％。

作用於心臟跳動的是心肌，作用於血管和內臟活動的是平滑肌，兩者皆受自律神經掌控，無法受自我意識的控制，所以也稱為不隨意肌。

肌肉分成3種類型

骨骼肌、心肌、平滑肌3種肌肉的構造差異。

	骨骼肌	心肌	平滑肌
所在部位	全身。附著於骨骼上	心臟	內臟和血管等內壁
功用	活動身體	像幫浦一樣使心臟跳動	進行搬運消化物的蠕動運動
運動	隨意肌（受自我意識控制）	不隨意肌（不受自我意識的控制）	
相關神經	軀體神經	自律神經	
肌肉形狀	橫紋肌 肌纖維有條帶狀紋路，能迅速收縮，但容易疲累。	橫紋肌 肌纖維有條帶狀紋路，不易疲累，能持續緩慢的收縮。	平滑肌 肌纖維沒有帶狀紋路，不易疲累，能持續緩慢的收縮。

相關內容　軀體神經・自律神經：P86

骨骼肌的名稱

人體有400多種骨骼肌。靠近身體表面的肌肉比較大，
靠近骨骼且位於深處的比較小。臉部的肌肉也稱為顏面表情肌。

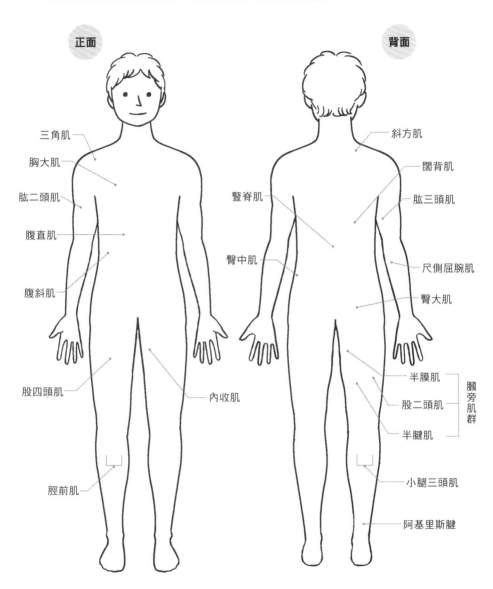

正面

- 三角肌
- 胸大肌
- 肱二頭肌
- 腹直肌
- 腹斜肌
- 股四頭肌
- 內收肌
- 脛前肌

背面

- 斜方肌
- 闊背肌
- 肱三頭肌
- 豎脊肌
- 臀中肌
- 尺側屈腕肌
- 臀大肌
- 半膜肌
- 股二頭肌
- 半腱肌
- 膕旁肌群
- 小腿三頭肌
- 阿基里斯腱

紫外線對皮膚的影響

皮膚保護身體免受高溫、寒冷、太陽光、摩擦等來自外界的衝擊與刺激。人之所以會曬傷，是體內細胞為了防止紫外線入侵，促使皮膚產生黑色素而引起。除此之外，皮膚具有調節體溫（透過汗液分泌和毛孔開合）和感受觸覺、痛覺等功能。人體皮膚為3層構造，最外層是表皮的角質層，老舊細胞變成皮膚碎屑後脫落，然後新細胞取而代之，這樣的新陳代謝週期大約4週。表皮下方為真皮層，內有血管、毛根、汗腺、皮脂腺，以及偵測外來刺激的神經細胞。

皮膚的構造

皮膚為3層構造，表皮層、真皮層和皮下組織。

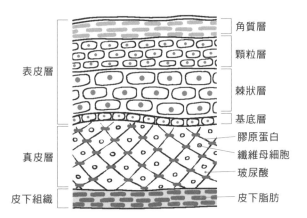

皮膚的更新機制

皮膚細胞的更新約28～56天，這個週期稱為代謝轉換。

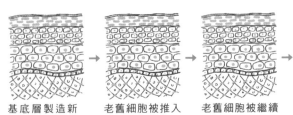

基底層製造新的細胞。

老舊細胞被推入棘狀層。

老舊細胞被繼續推入顆粒層。

老舊細胞被推入角質層後形成皮膚碎屑並脫落。

曬傷、斑點、雀斑的形成原理

斑點和雀斑因紫外線而形成。

紫外線

表皮層

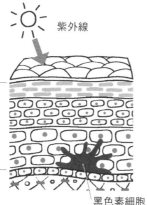

黑色素細胞

① 偵測紫外線。

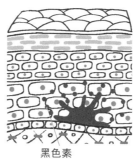

黑色素

② 為了保護皮膚，黑色素細胞生成黑色素。

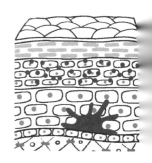

③ 黑色素擴散至表皮層使皮膚變黑。

黑色素不斷累積，年輕時的曬傷在未來可能變成斑點或雀斑。

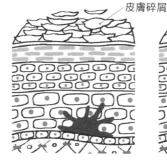

皮膚碎屑

④ 代謝轉換使老舊細胞變皮膚碎屑並脫落。

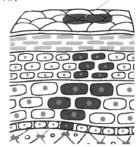

斑點・雀斑

⑤ 未經代謝轉換處理的黑色素以斑點或雀斑形式留下來。

痣是細胞集合體

痣是部分母斑細胞（黑色素細胞轉變而來）聚集而形成，不同於斑點和雀斑。

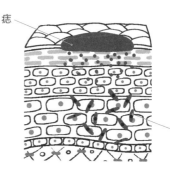

痣

母斑細胞

於各種情境下調節體溫

汗液的主要功用是調節體溫。

氣溫上升或運動等使體溫升高，人體就會開始分泌汗液，利用水分蒸發帶走熱量的原理，促使體溫下降。

皮膚裡有2種汗腺負責分泌汗液。一種是分布於臉部和全身多處的外分泌腺，另外一種是分布於腋下和陰部等部位的頂漿腺。

這兩種汗腺附近都有交感神經末梢分布，只要汗腺受到來自交感神經的神經傳導物質的刺激，就會開始分泌汗液。這就是天氣熱時會流汗，緊張或吃辛辣食物時也會流汗的原因。

 ### 汗液有2種

汗腺分為外分泌腺和頂漿腺，兩種汗腺分泌的汗液成分與分泌時機不一樣。除此之外，兩種汗腺也分布在身體不同部位。

	外分泌腺		頂漿腺
出汗原因	**散熱出汗** 天氣炎熱或運動後體溫上升時。	**味覺性出汗** 吃辛辣食物的時候。	**情緒出汗** 緊張或受到驚嚇等精神上的刺激。
特徵	斷斷續續出汗1小時以上。	吃完後不再出汗。	短暫出汗後即停止。容易發生在青春期。
成分	水分占99%左右。		水、蛋白質、礦物質、脂質等。
質地·味道	質地黏，沒有什麼味道。		質地相對較水，但味道強烈。（汗液本身沒有味道，但混合皮膚表面的細菌後會產生臭味。）
出汗部位	除了手掌和足底以外的全身部位。	臉部（尤其是額頭和鼻子）	手掌、足底、腋下、乳頭、耳後、陰部、肚臍等。

出汗的原理

出汗由大腦下視丘控制，無法靠自我意志調整出汗量和出汗時機。

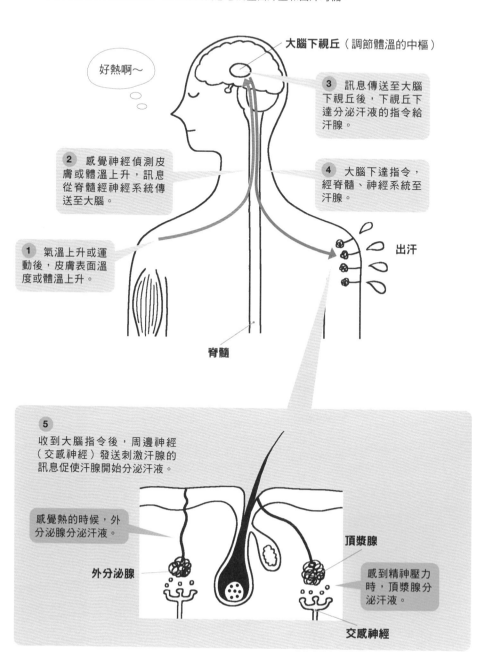

大腦下視丘（調節體溫的中樞）

好熱啊～

3　訊息傳送至大腦下視丘後，下視丘下達分泌汗液的指令給汗腺。

2　感覺神經偵測皮膚或體溫上升，訊息從脊髓經神經系統傳送至大腦。

4　大腦下達指令，經脊髓、神經系統至汗腺。

1　氣溫上升或運動後，皮膚表面溫度或體溫上升。

出汗

脊髓

5
收到大腦指令後，周邊神經（交感神經）發送刺激汗腺的訊息促使汗腺開始分泌汗液。

感覺熱的時候，外分泌腺分泌汗液。

頂漿腺

外分泌腺

感到精神壓力時，頂漿腺分泌汗液。

交感神經

沒有味道的汗液會因為皮脂和細菌而產生臭味

外分泌腺分泌的汗液中99％是水，所以其實汗液本身並沒有味道。然而汗液混合汗垢或皮脂後，經細菌分解便容易產生臭味。另一方面，頂漿腺分泌的汗液含有脂質和蛋白質等成分，容易產生特殊氣味。相較於女性，男性身上存在較多會引發皮脂分泌和腋下味道的細菌，因此男性的汗液容易產生不好的氣味。

老人味也和汗液脫離不了關係。邁入30歲後，血液中的三酸甘油酯和膽固醇逐漸增加，當這些成分連同汗液一起分解，便容易產生引發老人味的壬烯醛（nonenal）體臭成分。

汗液、皮脂和細菌是引起體臭的原因

具有獨特氣味的體臭是汗液、皮脂和細菌於皮膚表面混合在一起而產生的揮發性成分（氣體）。氣味依汗液分泌部位而有所不同。

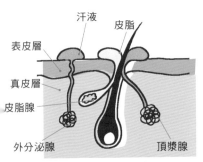

汗液　皮脂
表皮層
真皮層
皮脂腺
外分泌腺　頂漿腺

皮脂和汗液積聚在皮膚表面。

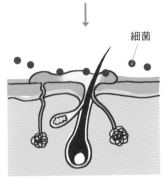

細菌

汗液和皮脂混合在一起，經細菌分解・氧化後產生味道。

●容易產生體臭的部位與原因

腋下
腋下有許多會分泌強烈味道的頂漿腺，因此出汗時容易產生味道。通常是帶點刺激性的辛辣香料味。

足底
足底分布許多外分泌腺，再加上穿襪穿鞋等經常處於封閉狀態中，更容易產生不好的味道。有點像是納豆的味道。

頭皮
頭皮是皮脂腺發達的部位之一。除了頭皮容易出油，也因為毛髮吸附氣味，導致產生不好的味道。有點像是油耗味。

老人味的產生機制

老人味隨著年齡增長而出現，產生原因為皮脂成分中的脂肪酸和過氧化脂質增加，進而產生一種名為壬烯醛的物質。

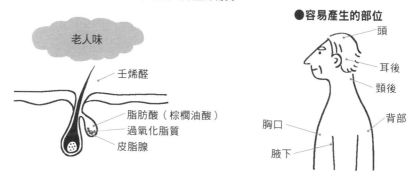

●容易產生的部位

老人味

壬烯醛

脂肪酸（棕櫚油酸）

過氧化脂質

皮脂腺

頭
耳後
頸後
背部
胸口
腋下

體臭隨著年齡增長而產生變化

隨著年齡增長，產生體臭的部位和產生原因跟著改變，而且味道也可能有所變化。

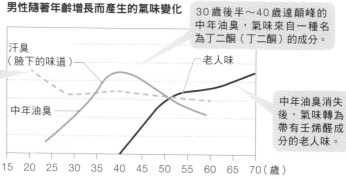

男性隨著年齡增長而產生的氣味變化

30歲後半～40歲達顛峰的中年油臭，氣味來自一種名為丁二酮（丁二酮）的成分。

容易流汗的20來歲年輕人，汗臭味多半來自腋下的汗液。

汗臭
（腋下的味道）

老人味

中年油臭

中年油臭消失後，氣味轉為帶有壬烯醛成分的老人味。

15 20 25 30 35 40 45 50 55 60 65 70（歲）

出處：男性味道綜合研究

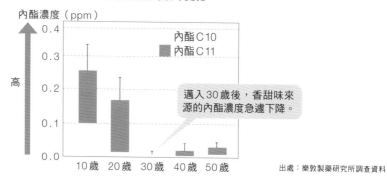

女性隨著年齡增長而產生的氣味變化

內酯濃度（ppm）

高

0.4

0.3

0.2

0.1

0.0

內酯 C10
內酯 C11

邁入30歲後，香甜味來源的內酯濃度急遽下降。

10歲　20歲　30歲　40歲　50歲

出處：樂敦製藥研究所調查資料

每天大約會掉100根頭髮

持續汰舊換新
並保護頭部

頭髮最主要的功用是保護頭部。頭髮具有許多重要功能，像是作為緩衝材，保護腦部免受外來衝擊、保護腦部不受外界氣溫變化的影響、協助將蓄積血液中的老舊廢物和有害物質排出體外。

頭髮並非無休止地一直生長，而是長到某個程度後自然脫落，然後再長出新的頭髮。這個汰舊換新的週期稱為毛髮生長週期，分為生長期、衰退期、休止期。

生長期的毛根裡，毛囊乳突活化促使毛基質細胞分裂並生成名為角蛋白的蛋白質，然後製造出新的毛髮。頭髮的生長速度為平均1個月長1公分左右。

頭髮的構造

頭髮大致分為3層，如同壽司捲的構造。

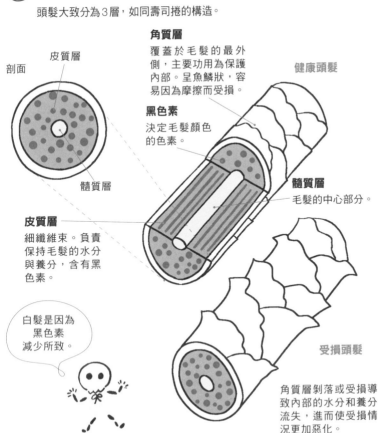

剖面

皮質層

髓質層

角質層
覆蓋於毛髮的最外側，主要功用為保護內部。呈魚鱗狀，容易因為摩擦而受損。

黑色素
決定毛髮顏色的色素。

健康頭髮

髓質層
毛髮的中心部分。

皮質層
細纖維束。負責保持毛髮的水分與養分，含有黑色素。

受損頭髮

角質層剝落或受損導致內部的水分和養分流失，進而使受損情況更加惡化。

白髮是因為黑色素減少所致。

頭髮的生長

頭髮從長出來到自動脫落有一定的週期，而這個週期會不斷循環，稱之為頭髮生長週期。健康頭髮的生長週期約為3～6年。

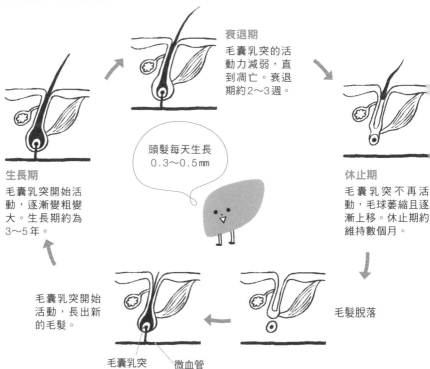

衰退期
毛囊乳突的活動力減弱，直到凋亡。衰退期約2～3週。

頭髮每天生長
0.3～0.5mm

生長期
毛囊乳突開始活動，逐漸變粗變大。生長期約為3～5年。

休止期
毛囊乳突不再活動，毛球萎縮且逐漸上移。休止期約維持數個月。

毛囊乳突開始活動，長出新的毛髮。

毛髮脫落

毛囊乳突　微血管

直髮與自然捲的差異

筆直的直髮和捲曲的自然捲，兩者間的差異在於毛孔形狀。毛孔隨著年齡的增長而變形，年紀愈大，捲曲的情況就愈嚴重。皮脂和毛孔的髒汙也是導致毛孔變形的原因。

	毛髮生長方式	毛髮剖面	毛髮形狀
直髮	毛孔筆直	幾乎呈正圓形狀	筆直
自然捲	毛孔扭曲	呈橢圓形	彎彎曲曲

「多餘體毛」保護器官和皮膚

在人類還沒有習慣穿衣服的年代裡，體毛負責保護身體、維持體溫的工作，因此體毛多半長在腦、眼睛、生殖器官、粗大血管等重要器官附近。邁入人人穿衣穿鞋的現代後，多數體毛被稱為「多餘體毛」，但這些體毛依然身負保護皮膚等重責大任。體毛和頭髮一樣，由毛基質細胞製造而成，就算處理掉體毛，仍舊會不斷生長，這全是因為毛基質細胞持續分裂生長所致。但體毛的生長週期比頭髮短，同樣於脫落後再生長，只是不會長得太長。

毛根生長與構造

體毛的生長方式和頭髮一樣。

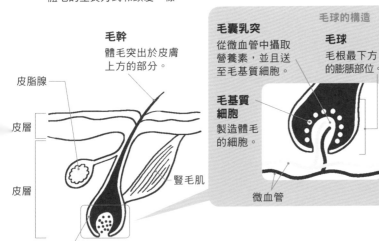

毛幹
體毛突出於皮膚上方的部分。

皮脂腺

皮層

皮層

豎毛肌

毛囊
包覆體毛的皮膚組織。

毛球的構造

毛囊乳突
從微血管中攝取營養素，並且送至毛基質細胞。

毛球
毛根最下方的膨脹部位。

毛基質細胞
製造體毛的細胞。

微血管

豎毛肌收縮時，毛孔被拉緊就會產生雞皮疙瘩現象。

●依部位的體毛生長週期

部位	生長週期
鬍鬚	4個月～1年（不太長鬍鬚的人，生長週期較短）
腋毛	3個月
手腳	3～4個月
陰毛	1～2年
睫毛、眉毛	3～4個月

臉部周圍毛髮的功用

眼睛、鼻子、耳朵等臉部周圍，許多具特殊功用的毛髮聚集在此。

頭髮

保護頭部免受陽光直射和外界的衝擊、保護腦部不受溫度變化的影響、協助將老舊廢物和有害物質排出體外。

眉毛

眉毛除了能夠阻擋從額頭流下來的汗液，也和睫毛一樣具有防止異物進入眼睛的功用。

耳毛

耳毛的功用是保護內耳，避免碎屑和灰塵，以及外界冷空氣進入耳道內。

鼻毛

鼻毛的功用包含呼吸時防止灰塵和病原體等異物進入體內，以及維持鼻腔內的濕度與溫度，進而避免黏膜乾燥。

睫毛

避免碎屑和灰塵進入眼睛。除此之外，毛根周圍聚集許多感覺神經，偵測到刺激後即時反射性地閉合眼瞼。

鬍鬚

保護皮膚免受紫外線和外界刺激，也具有保濕和保溫的作用，然而至今尚不清楚為什麼只有男性才長鬍鬚。

體毛分為2種

體毛分為2種，一種是容易受到性荷爾蒙的影響，長於青春期以後的體毛，一種是不受性荷爾蒙的影響，長於青春期之前的體毛。

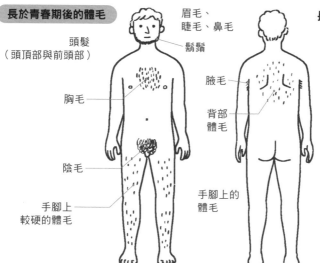

長於青春期後的體毛

眉毛、睫毛、鼻毛
鬍鬚
頭髮（頭頂部與前頭部）
胸毛
陰毛
手腳上較硬的體毛

長於青春期前的體毛

頭髮（側頭部和後腦杓）
腋毛
背部體毛
手腳上的體毛

長於青春期後的體毛主要受到男性荷爾蒙（睪固酮）的影響，而女性的睪固酮分泌量只有男性的 $1/10 \sim 1/20$。如果睪固酮的分泌量增加，女性的體毛也會跟著變濃密。

您知道嗎？

陰毛和腋毛較粗且捲曲的理由

陰毛和腋毛之所以捲曲蓬鬆，主要為了保護皮膚、防止細菌和病毒入侵，另外也有保留吸引異性的費洛蒙這種說法。但無論哪一種理由，捲曲毛髮的表面積比筆直毛髮的表面積大，確實有助於增強每一項功能。

剪了還是持續生長的指甲

**指甲負責保護指尖
並於用力時作為支撐**

指甲是部分皮膚角質化後的產物，主要功用是保護指尖。手指抓取小東西、腳趾蹬地等，藉由指甲的輔助，手指和腳趾更容易施力。由於指甲沒有神經通過，因此修剪指甲時絲毫不會感到疼痛。

一般我們稱為指甲的部位其實是指甲板，主要成分為一種名為角蛋白的蛋白質。指甲生長板製造的細胞因角質化而變硬，進一步形成指甲。指甲根部長出新的指甲時，老舊部分向前端移動，這即是指甲生長機制。指甲每天生長0.1～0.15毫米。

指甲的構造

指甲和頭髮一樣，皆為角蛋白的成分構成。

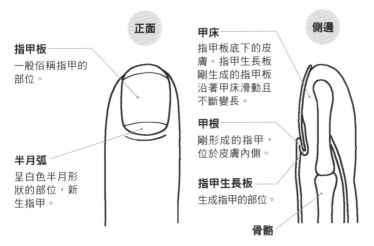

指甲板
一般俗稱指甲的部位。

半月弧
呈白色半月形狀的部位，新生指甲。

正面

甲床
指甲板底下的皮膚。指甲生長板剛生成的指甲板沿著甲床滑動且不斷變長。

甲根
剛形成的指甲，位於皮膚內側。

指甲生長板
生成指甲的部位。

側邊

骨骼

您知道嗎？

**指甲生長速度
因季節和條件而有所不同**

手指甲的生長速度比腳趾快，通常快2～3倍；每根手指甲的生長速度也不同。身體的新陳代謝好，指甲的生長速度就比較快。氣溫較高的夏季，指甲的生長速度就比較快。肌肉量較多且新陳代謝快速的男性，指甲的生長速度也比較快。年輕人的指甲也比高齡者長得快。

慣用手的指甲生長速度比較快

從指甲一窺疾病徵兆

指甲是健康狀況的指標。指甲表面光滑且呈漂亮的粉紅色，代表身體健康狀況良好。但指甲乾燥，或者隨著年齡增長導致主要成分角蛋白不足時，指甲容易出現斷裂的情況。

匙狀指

指甲面中央凹陷，變成像湯匙般的形狀，這表示身體可能因貧血而處於缺鐵狀態。

橫紋

疾病等造成指甲暫時停止生長，因而形成橫向紋路。

縱紋

容易因老化而出現。

指甲分層斷裂

指甲末端分層剝離的狀態。可能因指甲乾燥、營養不良、貧血等情況引起。

杵狀指

指頭末端變大，指甲往下彎使指甲面隆起形成圓弧狀，代表可能有肝硬化或呼吸器官疾病。

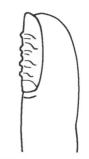

波浪紋

表面出現凹凸不平的波浪紋，多半是外部原因造成，健康者也可能出現這種情況。

 您知道嗎？

健康狀態容易反映在指甲上的原因

指甲下的皮膚布滿許多微血管，因此血液流的動狀況容易立即反映在指甲上。舉例來說，全身的血液流動不順暢時，氧氣與營養素無法確實抵達指甲，導致老舊廢物囤積，進一步影響指甲的生長或造成指甲顏色產生變化。

保養指甲時將重點擺在指甲生長板周圍。按摩促使血液循環並加以保濕，這樣才能維持指甲的健康。

2 種呼吸型態

呼吸是指將氧氣吸入體內、將二氧化碳排出體外的代謝過程。

以成年人來說，平均每分鐘呼吸12～18次，每次吸入和呼出的氣體量約500毫升。呼吸分為2種型態，一種是自鼻或口吸入、呼出空氣的外呼吸，一種是在身體各處進行氣體交換的內呼吸。

另一方面，肺部無法靠自己的力量帶入或排出空氣，必須仰賴肋骨間的肌肉進行伸縮運動，以作用於胸廓和下方的橫膈膜，藉此施加推力或拉力於肺臟上。透過這樣的機制使肺臟持續擴張、收縮，以達到吸入或是排出空氣的目的。

🔬 肺部的運動機制

腹式呼吸法如下圖所示，橫膈膜上下移動促使肺臟擴張與收縮。

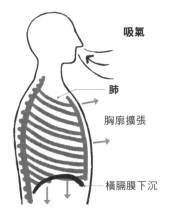

吸氣

肺

胸廓擴張

橫膈膜下沉

橫膈膜下沉使胸廓擴張，在周圍肌肉的拉動下促使肺部膨脹。

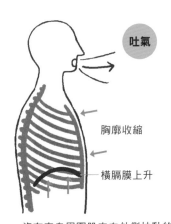

吐氣

胸廓收縮

橫膈膜上升

沒有來自周圍肌肉向外側拉動的力量，肺部收縮至原本的大小。

您知道嗎?

打嗝是因為橫膈膜抽筋

可能是控制橫膈膜等呼吸相關肌肉的神經和腦的局部受到刺激而引起抽筋，目前尚未有明確的打嗝機制。

平靜狀態下進行「腹式呼吸」，開始劇烈運動後，容易轉換成「胸式呼吸」！

在體內進行的2種呼吸型態

呼吸分為2種：肺部進行「外呼吸」，以及體內細胞進行「內呼吸」。

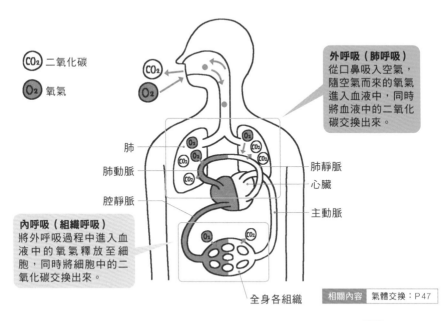

(CO₂) 二氧化碳

(O₂) 氧氣

外呼吸（肺呼吸）
從口鼻吸入空氣，隨空氣而來的氧氣進入血液中，同時將血液中的二氧化碳交換出來。

肺
肺動脈
腔靜脈

肺靜脈
心臟
主動脈

內呼吸（組織呼吸）
將外呼吸過程中進入血液中的氧氣釋放至細胞，同時將細胞中的二氧化碳交換出來。

全身各組織

相關內容　氣體交換：P47

空氣進入肺部的過程

空氣經由鼻子和嘴巴進入體內，通過呼吸道後分別進入2根支氣管，沿著不斷分支的細支氣管進入肺臟。

鼻子呼吸時，鼻毛和黏膜能夠有效防止細菌和灰塵進入體內，因此比起用嘴巴呼吸，更能防禦細菌入侵。

1 空氣經由鼻子（鼻腔）和嘴巴進入並通過上呼吸道。

2 通過長約10cm的氣管後，分為左右支氣管。

3 支氣管不斷分支，空氣來到細支氣管。

4 最終來到細支氣管的末端：肺泡，在這裡進行氧氣和二氧化碳的交換。

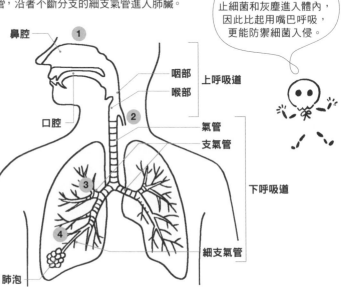

鼻腔
咽部
喉部
口腔
氣管
支氣管
上呼吸道
下呼吸道
細支氣管
肺泡

相關內容　肺部：P46

呼吸時的肺正在做什麼

數億個肺泡進行氣體交換

呼吸過程中，肺裡的肺泡進行氧氣和二氧化碳的氣體交換。肺泡是直徑大約0.1毫米的組織，左右側的肺臟裡約有6億個肺泡。

氣體交換發生於肺泡外微血管裡的血液和肺泡的空氣之間。自空氣吸入的氧氣從肺泡移動至血液中，經動脈流向全身。二氧化碳則從繞行於全身的靜脈血液移動至肺泡，透過呼氣將其排出體外。

氣管和支氣管在自律神經的作用下進行擴張與收縮運動，讓空氣容易通過。

肺部的構造

一般而言，每個人都有2個肺臟，左右各1個，內有空氣走道：支氣管通過。由於左側肺臟環繞著心臟，因此左右肺臟的形狀並不對稱。

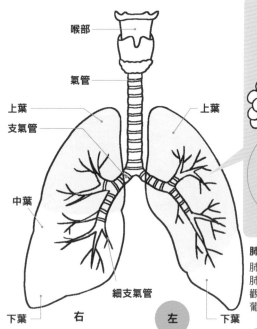

喉部
氣管
上葉
支氣管
中葉
下葉
右
細支氣管
左
上葉
下葉

右肺分為上葉、中葉和下葉3個部分。

左肺分為上葉、下葉2個部分。

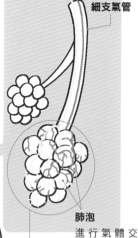

細支氣管

肺泡
進行氣體交換的組織。肺泡外覆蓋密密麻麻的網狀微血管。

肺泡囊
肺泡聚集成肺泡囊，外觀像是一房葡萄。

肺泡像氣球般膨脹，吸入空氣後膨脹至2倍大。

肺裡進行氣體交換的機制

透過呼吸進入體內的氧氣，以及自血液中排出的二氧化碳終年無休地進出肺泡。

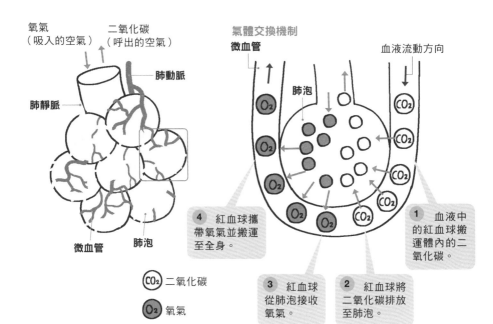

氧氣
（吸入的空氣）

二氧化碳
（呼出的空氣）

肺動脈

肺靜脈

微血管

肺泡

氣體交換機制

微血管

血液流動方向

O_2

肺泡

CO_2

4　紅血球攜帶氧氣並搬運至全身。

1　血液中的紅血球搬運體內的二氧化碳。

CO_2　二氧化碳

O_2　氧氣

3　紅血球從肺泡接收氧氣。

2　紅血球將二氧化碳排放至肺泡。

咳嗽、打噴嚏時的氣管反應

氣管內側的黏膜上有許多名為纖毛的細小突起。隨空氣進入氣管的碎屑和灰塵等附在纖毛上，一旦纖毛試圖趕走碎屑和灰塵，便容易引起咳嗽或打噴嚏。

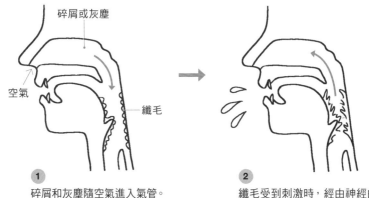

碎屑或灰塵

空氣

纖毛

1　碎屑和灰塵隨空氣進入氣管。

2　纖毛受到刺激時，經由神經的傳導，橫膈膜和肋間肌收縮並引起咳嗽或打噴嚏。

發出聲音的機制和部位

聲帶振動發出的聲音稱為根源音

聲音是肺、喉嚨、口腔、鼻子等器官共同作用下所產生的。首先，來自肺的空氣通過喉嚨。喉嚨中央有2片名為聲帶的皺襞，當來自肺部的空氣通過聲帶間的縫隙（聲門）並振動聲帶，就會產生最原始的根源音。根源音在口腔與鼻腔裡產生共鳴後，最後形成從口中出現的聲音。在這個過程中，聲帶振動的次數多時會形成高音，振動次數少時則形成低音。

根源音的音色幾乎沒有個體上的差異，每個人之所以會有各自的獨特聲音，全取決於根源音在喉嚨、口腔、鼻腔裡的共鳴方式。

喉嚨的構造與發聲機制

聲音起源於喉嚨深處的聲帶。空氣通過時振動聲帶，聲帶以每秒100～300次的振動頻率產生聲波，進一步形成聲音。

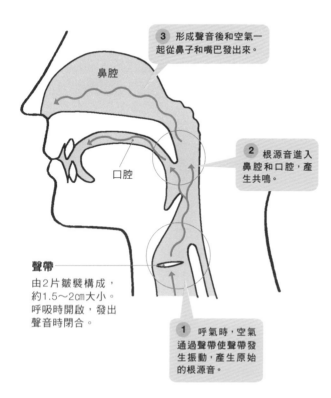

鼻腔

口腔

3 形成聲音後和空氣一起從鼻子和嘴巴發出來。

2 根源音進入鼻腔和口腔，產生共鳴。

聲帶
由2片皺襞構成，約1.5～2cm大小。呼吸時開啟，發出聲音時閉合。

1 呼氣時，空氣通過聲帶使聲帶發生振動，產生原始的根源音。

呼吸時和發聲時的聲帶動作

聲帶能夠自由收縮，所以我們才能透過改變發聲方式與聲音高低來發出低喃耳語、假音等各種音色。

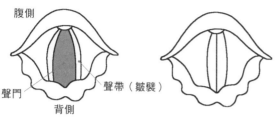

腹側

聲門　　　　　　　聲帶（皺襞）
　　　背側

呼吸的時候
聲帶大幅開啟。聲門變寬而無法產生振動，因此無法發出聲音。

發出低喃聲時
聲帶些許開啟。皺襞振動次數少，因無法產生太大的共鳴而發出帶有呼吸聲的低語聲。

您知道嗎？

**男女聲音大不同是
聲帶大小和厚度差異所致**

男性的聲帶長約 20mm 且具有厚度，女性的厚約 16mm，較短且較薄，因此更容易產生振動。聲帶的振動次數愈多，聲音就愈高，因此女性的聲音多半比男性高。

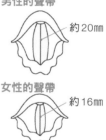

男性的聲帶
　　　　　約 20mm

女性的聲帶
　　　　　約 16mm

正常發出聲音的時候
聲帶緊閉。聲門變窄的狀態下，空氣通過並振動皺襞而產生聲音。

發出假音時
僅單側聲帶開啟，空氣通過狹窄的聲門，皺襞受到振動而發出高音。

吞嚥的瞬間不呼吸

喉嚨是食物和空氣的共同通道，在吃東西時格外忙碌。食物進入口腔後會被送往食道，而空氣則被送進氣管。除此之外，唯有在呼氣時會發出聲音，吞嚥的瞬間則發不出聲音。

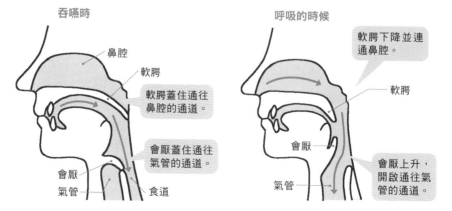

吞嚥時

鼻腔
軟腭
軟腭蓋住通往鼻腔的通道。
會厭蓋住通往氣管的通道。
會厭
氣管
食道

呼吸的時候

軟腭下降並連通鼻腔。
軟腭
會厭
會厭上升，開啟通往氣管的通道。
氣管

發揮強大幫浦作用，輸送血液至全身

心臟好比幫浦，在血液循環過程中占有一席重要地位。心臟位於身體中心略偏左的位置，大約成人拳頭的大小。心臟透過不間斷的擴張與收縮，將血液用力向外推送，使其順著血管流向身體各個角落。

心臟分為右心房、右心室、左心房、左心室4個部分。各自的交接處與出口都設有瓣膜，促使血液能夠單向通行而不會逆流。

心臟的跳動聲（脈搏）即瓣膜在推送血液時開啟、閉合所產生的聲音。這個脈動會傳至手腕處的動脈，因此手腕部位也能感受到脈搏的跳動。

心臟的構造

將血液推送至全身的左心室肌肉，其厚度大約是右心室肌肉的3倍。從左心室出發的血液量，1分鐘大約有5公升之多。

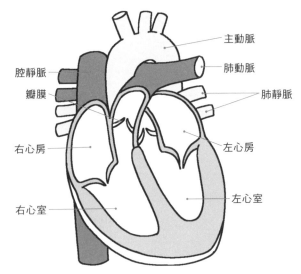

- 主動脈
- 肺動脈
- 肺靜脈
- 腔靜脈
- 瓣膜
- 左心房
- 右心房
- 左心室
- 右心室

您知道嗎？

心跳數隨著年齡增加而逐漸減少

心跳數會隨著年齡的增加而減少：新生兒的心跳數約120～140次/每分鐘；成人約60～75次，高齡者則約60次。因為成長、發育需要能量，所以嬰兒和小孩的心跳數較多，以便身體能有更多的氧氣以製造出能量；成長到一定程度後，不再需要那麼多的能量，心跳數也就慢慢減少了。

血液的循環機制

從心臟出發並再次回到心臟的血液循環分為兩大系統，一是循環於肺部的「肺循環」，一是循環於全身的「體循環」，這兩種循環交互進行。

體循環（下圖的 **3**～**5**）

從心臟出發的血液流經全身後再次回到心臟，所需時間大約20秒。

肺循環（下圖的 **1**～**2**）

從心臟出發的血液流經肺臟後再次回到心臟，所需時間大約3～4秒。

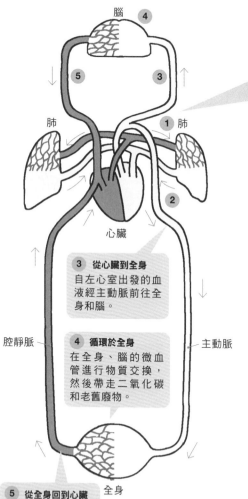

3 從心臟到全身
自左心室出發的血液經主動脈前往全身和腦。

4 循環於全身
在全身、腦的微血管進行物質交換，然後帶走二氧化碳和老舊廢物。

5 從全身回到心臟
循環於全身、腦的血液經腔靜脈回到右心室。

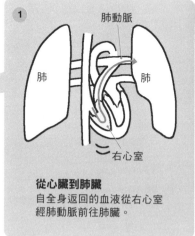

從心臟到肺臟
自全身返回的血液從右心室經肺動脈前往肺臟。

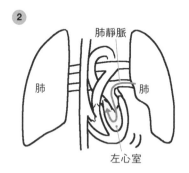

從肺臟到心臟
於肺臟進行氣體交換（氧氣與二氧化碳的交換）後，血液帶著氧氣經肺靜脈回到左心室。

相關內容 微血管：P53

超細微血管
運送氧氣與營養至全身

血管分為動脈、靜脈和微血管3種。動脈負責運送自心臟出發的血液，隨著分枝逐漸變細並連接至微血管，而微血管匯集成靜脈，再將血液從各個組織運送回心臟。

遍布全身的血管總長約10萬公里，相當於繞行地球2圈半，其中99％是微血管。紅血球勉強能夠通過的微血管宛如一張大網遍布於全身各個角落，不僅運送氧氣和營養至每一個細胞，還負責回收細胞產生的二氧化碳和老舊廢物。

血管的種類

血管分為三種，依功能而有不同的構造與流速。

	動脈	靜脈	微血管
功能	從心臟運送含有氧氣和營養的血液至全身。	將全身帶有二氧化碳和老舊廢物的血液運送回心臟。	微血管遍布全身，主要負責進行氧氣和二氧化碳、營養素和老舊廢物的交換。
粗細和構造	血管壁厚且具有彈性。	血管壁較薄且沒有彈性。 靜脈瓣	血管壁薄且有洞孔，但實際管壁厚度依分布組織的功能而異。
特徵	趁肌肉收縮時迅速將血液推送至血管中。能夠感覺得到脈動。動脈的流速為每秒50㎝。	藉由肌肉收縮和身體活動的壓力緩慢流動。血管內設有防止血液逆流的瓣膜。腔靜脈的流速為每秒25㎝。	末端微血管的流速為每秒0.1～1㎝，緩慢流動。

全身的血管

全身血管總長度為10萬km。靠近身體表面的血管多半是靜脈。

為什麼血管看起來像是藍色？

血液明明是紅色，為什麼手臂和手腕上的血管看起來像是藍色？這是因為我們看到的是靜脈血管。流動於靜脈裡的血液帶有二氧化碳，而血液中紅血球所含的血紅素一旦和二氧化碳結合就會變成暗紅色，但隔著皮膚看起來反而呈現藍色。

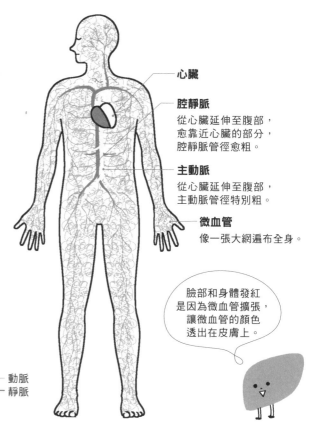

心臟

腔靜脈
從心臟延伸至腹部，愈靠近心臟的部分，腔靜脈管徑愈粗。

主動脈
從心臟延伸至腹部，主動脈管徑特別粗。

微血管
像一張大網遍布全身。

臉部和身體發紅是因為微血管擴張，讓微血管的顏色透出在皮膚上。

—— 動脈
—— 靜脈

微血管的物質交換機制

微血管將動脈送來的氧氣和營養搬運至全身各個細胞，然後交換回收細胞產生的老舊廢物和二氧化碳後運回靜脈。

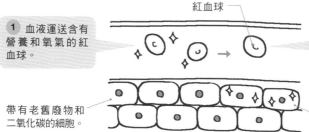

紅血球

1 血液運送含有營養和氧氣的紅血球。

2 紅血球回收細胞產生的二氧化碳和老舊廢物，細胞則收下血液帶來的氧氣和營養。

帶有老舊廢物和二氧化碳的細胞。

接收營養和氧氣的細胞。

血液約占體重的8%左右

搬運氧氣和營養，擊退細菌和病毒

流動於身體的血液量約占人體重量的8%。以體重60kg的人為例，血液量相當於4～5公升。

血液分為定形成分的血球和液體成分的血漿。定形成分包含運送氧氣和二氧化碳的紅血球、滅殺入侵體內的細菌和病毒等的白血球，以及負責血液凝固與止血的血小板。血球主要由骨骼內的骨髓生成，每天製造大約2千億個紅血球、1千億個白血球和1億個血小板。而液體成分的血漿中，水分占了90%左右。血漿負責運送荷爾蒙和營養素至全身，並且協助排除老舊廢物。

血液成分和功用

血液中有大約一半的液體成分，也就是血漿，另外還有紅血球、白血球、血小板等定形成分（血球）。

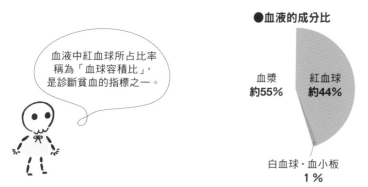

血液中紅血球所占比率稱為「血球容積比」，是診斷貧血的指標之一。

●血液的成分比

血漿 約55%

紅血球 約44%

白血球·血小板 1 %

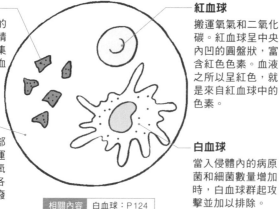

血小板
血球中體積最小的一種。發生出血情況時，血小板聚集於傷口處，負責血液凝固與止血。

血漿
血漿成分中絕大部分是水，負責搬運溶解於血漿中的氧氣、二氧化碳、各種營養素、老舊廢物、荷爾蒙等。

紅血球
搬運氧氣和二氧化碳。紅血球呈中央內凹的圓盤狀，富含紅色色素。血液之所以呈紅色，就是來自紅血球中的色素。

白血球
當入侵體內的病原菌和細菌數量增加時，白血球群起攻擊並加以排除。

相關內容 白血球：P124

結痂的機制

當血管壁因某種刺激而受損時，會在血小板、血漿中以及紅血球的作用下結痂。

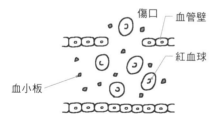

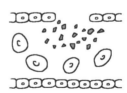

1 血管壁受到破壞，血液流出管壁外引起出血。

2 血管壁收縮試圖使傷口變小的同時，血小板聚集至傷口處。

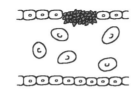

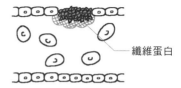

纖維蛋白

3 聚集而來的血小板凝固，堵在傷口形成塊狀物。

4 在血漿中的凝血因子作用下，形成名為纖維蛋白的纖維網。纖維蛋白進而將紅血球捆綁在一起形成塊狀物：痂（血栓）。

黏稠的血液

容易招致疾病的黏稠血液是指三酸甘油酯和低密度脂蛋白膽固醇含量過高的狀態。
血液是否黏稠並非肉眼可見，必須透過檢驗才能確定。

順暢的血液

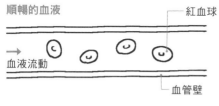

紅血球

血液流動

血管壁

醣類和脂質的含量適度，血液流動順暢，能通行無阻地搬運氧氣和營養素。

造成血液黏稠的主要原因

·吸菸　　·肥胖
·喝酒　　·缺乏運動
·攝取過多甜食和脂肪
·壓力　　　　　　等

黏稠的血液

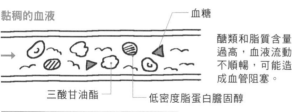

血糖

醣類和脂質含量過高，血液流動不順暢，可能造成血管阻塞。

三酸甘油酯

低密度脂蛋白膽固醇

水分不足的脫水狀態也是造成血液黏稠的原因

相關內容　膽固醇・中性脂肪：P130～133

與能量運送相關的器官〔荷爾蒙〕

荷爾蒙來自於何處？

維持健康的化學物質

荷爾蒙是一種幫助維持健康且具有各種功能的化學物質。舉例來說，當身體缺乏水分，感覺口渴的荷爾蒙或調節尿液濃度的荷爾蒙便開始適度分泌，促使身體補充水分並防止水分散發。

多數荷爾蒙由腦下垂體和甲狀腺等內分泌腺製造分泌，溶解於血液後再搬運至需要的器官。人體內部有100多種荷爾蒙，功能各不相同。另一方面，除非是具有相對應受體的器官，否則荷爾蒙無法發揮特定作用。

荷爾蒙來自全身

製造荷爾蒙的內分泌腺分布於全身，底下僅介紹部分較為主要的器官。荷爾蒙種類非常多，真正的具體數量目前尚不明確。

●內分泌機制

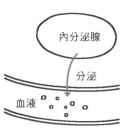

內分泌腺

分泌

血液

內分泌腺製造的荷爾蒙溶解至微血管的血液中，然後運送至全身。

●具內分泌腺的器官

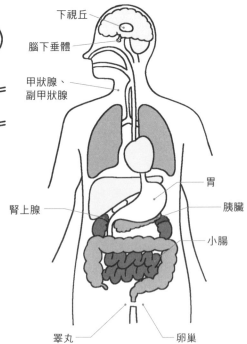

下視丘
腦下垂體
甲狀腺、副甲狀腺
胃
腎上腺
胰臟
小腸
睪丸
卵巢

相關內容　荷爾蒙：P208～211

荷爾蒙的分泌流程

下視丘分泌的荷爾蒙促使腦下垂體分泌荷爾蒙。腦下垂體具有調節全身荷爾蒙的重要功能，腦下垂體分泌的荷爾蒙統稱為腦下垂體荷爾蒙。

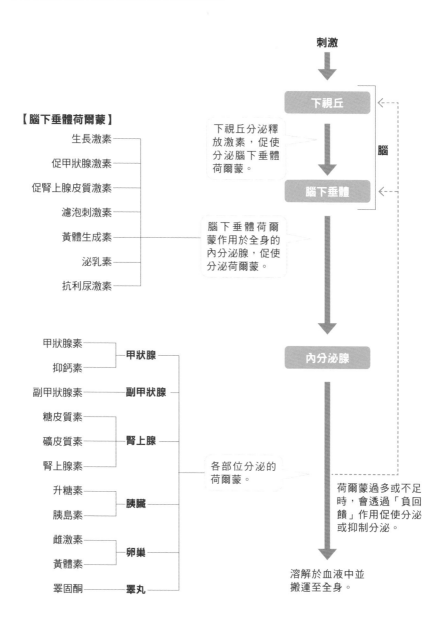

【腦下垂體荷爾蒙】

- 生長激素
- 促甲狀腺激素
- 促腎上腺皮質激素
- 濾泡刺激素
- 黃體生成素
- 泌乳素
- 抗利尿激素

甲狀腺素 ── 抑鈣素 ── 甲狀腺

副甲狀腺素 ── 副甲狀腺

糖皮質素 ── 礦皮質素 ── 腎上腺 ── 腎上腺素

升糖素 ── 胰島素 ── 胰臟

雌激素 ── 黃體素 ── 卵巢

睪固酮 ── 睪丸

各部位分泌的荷爾蒙。

刺激

下視丘

下視丘分泌釋放激素，促使分泌腦下垂體荷爾蒙。

腦

腦下垂體

腦下垂體荷爾蒙作用於全身的內分泌腺，促使分泌荷爾蒙。

內分泌腺

荷爾蒙過多或不足時，會透過「負回饋」作用促使分泌或抑制分泌。

溶解於血液中並搬運至全身。

淋巴系統能保護身體免受病原體侵害

提供免疫功能與搬運老舊廢物

淋巴系統是由分布於全身的淋巴管和淋巴結所構成的運輸路徑。淋巴結就像是淋巴管上的定點隘口。

淋巴液的成分是淋巴漿和淋巴球。主要成分的淋巴漿由微血管滲出的血漿所形成，負責搬運血液無法輸送的老舊廢物與脂肪。淋巴球屬於白血球的一種，作用於攻擊細菌和病毒，並且加以排除。感冒時淋巴之所以腫大，是因為淋巴球奮力抵抗侵入的外敵，造成淋巴結發炎所致。

全身的淋巴系統

淋巴系統分布於全身。全身上下約有800個淋巴結，多數集中在頸根部、腋下、大腿根部等部位。

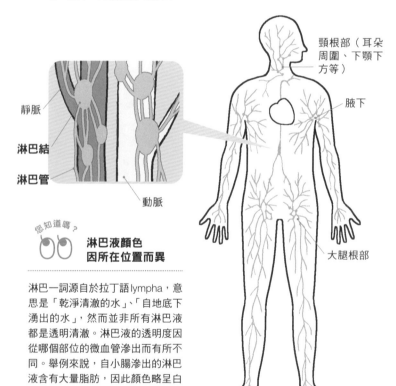

靜脈

淋巴結

淋巴管

動脈

頸根部（耳朵周圍、下顎下方等）

腋下

大腿根部

您知道嗎？

淋巴液顏色因所在位置而異

淋巴一詞源自於拉丁語 lympha，意思是「乾淨清澈的水」、「自地底下湧出的水」，然而並非所有淋巴液都是透明清澈。淋巴液的透明度因從哪個部位的微血管滲出而有所不同。舉例來說，自小腸滲出的淋巴液含有大量脂肪，因此顏色略呈白色，也被稱為白血。

淋巴系統

淋巴管從微細淋巴管發出，逐漸合流匯集成淋巴節，最終匯入靜脈。
淋巴系統的流動速度不快，管道內部也有瓣膜。

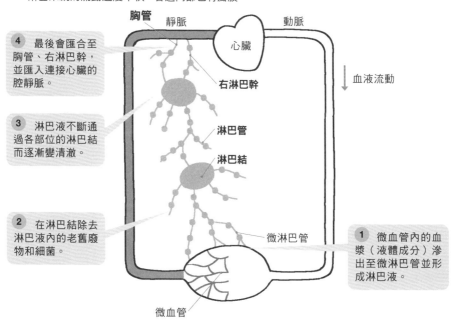

胸管 靜脈 動脈

心臟

4 最後會匯合至胸管、右淋巴幹，並匯入連接心臟的腔靜脈。

↓ 血液流動

右淋巴幹

3 淋巴液不斷通過各部位的淋巴結而逐漸變清澈。

淋巴管

淋巴結

2 在淋巴結除去淋巴液內的老舊廢物和細菌。

微淋巴管

1 微血管內的血漿（液體成分）滲出至微淋巴管並形成淋巴液。

微血管

淋巴結進行排除外物的機制

淋巴結反覆過濾從血液滲出且帶有老舊廢物的淋巴液，清除掉病原菌等異物後再重新回到血管內。如此一來便能防止身體內部遭到細菌或病毒的感染。

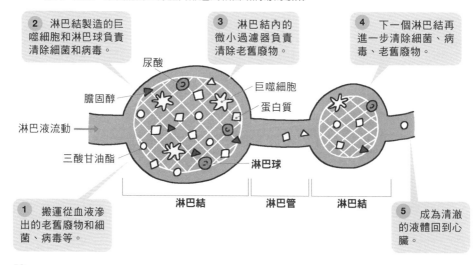

2 淋巴結製造的巨噬細胞和淋巴球負責清除細菌和病毒。

3 淋巴結內的微小過濾器負責清除老舊廢物。

4 下一個淋巴結再進一步清除細菌、病毒、老舊廢物。

尿酸

膽固醇

巨噬細胞

蛋白質

淋巴液流動→

三酸甘油酯

淋巴球

淋巴結　　淋巴管　　淋巴結

1 搬運從血液滲出的老舊廢物和細菌、病毒等。

5 成為清澈的液體回到心臟。

腎臟每天製造約160ℓ的原尿

腎臟過濾血液並製造尿液

腎臟是負責清除血液中老舊廢物和有害物質，然後將這些物質以尿液方式排出體外的器官。腎臟的位置略高腰部，以脊椎為中心，左右側各一個。每次從心臟出發的血液，約有1/4會送往腎臟。

負責製造尿液的是腎臟的最小基本單位腎元，1個腎臟約有100萬個腎元，不僅過濾血液，也製造成為尿液的原尿。原尿通過腎小管時，身體需要的鹽分、蛋白質等約99％的物質會再次被吸收，剩下1％的多餘或是含有毒物質的水分則以尿液的方式排出體外。

腎臟與膀胱的構造

腎臟呈蠶豆形狀，1個腎臟的重量約120～150g。
腎臟製造的尿液經輸尿管運送至膀胱。

腎門
腎臟的入口。血管和輸尿管進出的地方。

腎動脈
將主動脈的血液運送至腎臟的血管。

腎靜脈
將來自腎臟的血液運送至腔靜脈的血管。

腎盂
集中尿液並運送至輸尿管的地方。

腎實質
過濾血液製造成原尿的地方。

腎皮質
腎髓質

腎盞
將製造好的原尿聚集在腎盂中。

輸尿管
運送尿液至膀胱的管道。

膀胱
暫時存放尿液的地方。

您知道嗎？

尿液和糞便的顏色來源相同

尿液呈黃色是分解老舊紅血球的過程中所產生的顏色。紅血球中的血紅蛋白經分解後形成名為「膽紅素」的黃色物質。膽紅素經過腸道時轉變成糞便的顏色，其中一部分在腸道內被重新吸收，並再次分解形成尿液。也就是說，尿液和糞便兩者的顏色都源自於膽紅素。

尿液的形成過程

腎臟將血液中的物質區分為需要和不需要兩個部分,不需要的物質轉化成尿液。

●腎小體進行過濾

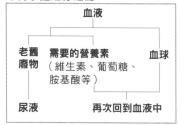

	血液	
老舊廢物	需要的營養素 (維生素、葡萄糖、胺基酸等)	血球
尿液	再次回到血液中	

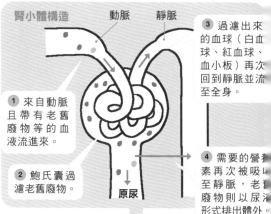

腎小體構造　　動脈　　靜脈

3 過濾出來的血球(白血球、紅血球、血小板)再次回到靜脈並流至全身。

1 來自動脈且帶有老舊廢物等的血液流進來。

2 鮑氏囊過濾老舊廢物。

原尿

4 需要的營養素再次被吸收至靜脈,老舊廢物則以尿液形式排出體外。

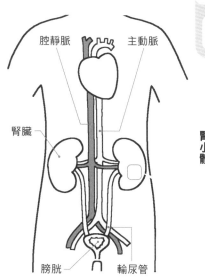

腔靜脈　　主動脈

腎臟

膀胱　　輸尿管

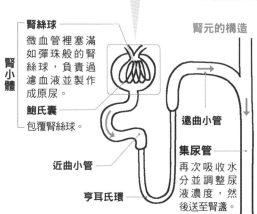

腎元的構造

腎絲球
微血管裡塞滿如彈珠般的腎絲球,負責過濾血液並製作成原尿。

鮑氏囊
包覆腎絲球。

腎小體

遠曲小管

集尿管
再次吸收水分並調整尿液濃度,然後送至腎盞。

近曲小管

亨耳氏環

尿液檢驗的用處

健康檢查之所以進行尿液檢驗,主要為了透過下列檢測以確認是否有疾病徵兆。

腎功能
是否正常運作

根據尿液中所含的蛋白質、葡萄糖、尿液顏色和濃度等數值,確認腎臟是否正常運作。

血糖值
是否正常

根據尿液中所含的醣量,確認是否有血糖值異常導致糖尿病的現象。

尿液中
是否帶血

尿液中若帶有血絲,表示腎臟、輸尿管、尿道、膀胱等可能有出血情況。

牙齒是人體最堅硬的部位

能承受強大的咀嚼力道

牙齒是負責咀嚼、磨碎口中食物的器官。咀嚼時，牙齒承受著跟體重差不多的負擔，所以牙齒其實是非常堅硬的組織。

牙根紮實、牢固地埋在下顎骨中。一般稱為「牙齒」的部位是牙冠表面，由琺瑯質構成，而這裡是人體最堅固的部位。琺瑯質底下是象牙質，而牙根埋在牙齦裡，同骨骼一樣由牙骨質構成。

包覆在牙骨質外的牙周韌帶負責緩和咀嚼時產生的衝擊力，內有牙齒神經的牙髓通過。蛀牙之所以引發疼痛，就是因為牙髓受到侵蝕所造成。

牙齒的種類與功用

成年人的牙齒稱為恆齒，上下共32顆。
出生8個月後開始長的牙齒稱為乳齒，共有20顆。

●牙齒的種類

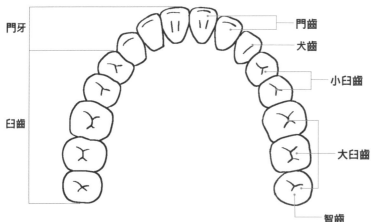

門牙

臼齒

門齒
犬齒
小臼齒
大臼齒
智齒

●依形狀而有不同功用

門齒
負責切割食物。

犬齒
負責撕裂食物。

小臼齒
負責壓碎食物。

大臼齒
負責將食物研磨得更細碎。

牙齒的構造

表面可見的白色部位稱為牙冠,埋在牙齦裡面的為牙根。
同一顆牙齒,構成牙冠和牙根的成分不一樣。

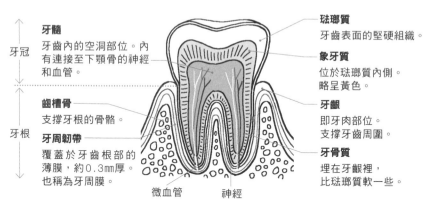

牙冠

牙髓
牙齒內的空洞部位。內
有連接至下顎骨的神經
和血管。

牙根

齒槽骨
支撐牙根的骨骼。

牙周韌帶
覆蓋於牙齒根部的
薄膜,約0.3mm厚。
也稱為牙周膜。

微血管　　神經

琺瑯質
牙齒表面的堅硬組織。

象牙質
位於琺瑯質內側。
略呈黃色。

牙齦
即牙肉部位。
支撐牙齒周圍。

牙骨質
埋在牙齦裡,
比琺瑯質軟一些。

蛀牙的進展

蛀蝕牙齒的細菌主要是轉糖鏈球菌。砂糖等物質殘留於牙齒上形成齒垢後,促使轉糖鏈球菌
大量繁殖,轉糖鏈球菌將齒垢轉化為酸性物質蛀蝕牙齒的琺瑯質表面。

齒垢　　轉糖鏈球菌

酸

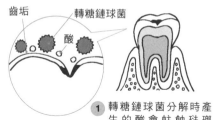

1 轉糖鏈球菌分解時產生的酸會蛀蝕琺瑯質,並且開始腐蝕底下的象牙質。

2 腐蝕繼續侵入牙髓引起牙髓炎,產生劇烈疼痛。

3 牙冠被完全腐蝕,牙齒神經死亡,雖然不再感到疼痛,但牙根尖一旦形成膿瘍,恐怕會再次產生疼痛。

牙周病的進展

細菌感染導致支撐牙齒的牙齦腫脹,齒槽骨遭到破壞,進而使牙齒脫落的疾病。

牙齦炎　　　　　　輕度牙周炎　　　　　　中度牙周炎

一旦進展至
重度牙周炎,
齒槽骨遭受嚴重破壞
而導致牙齒晃動。

1 食物殘渣在牙齒表面形成齒垢後變硬。這時候不會感覺疼痛。

2 牙齒與牙齦之間產生縫隙,牙齦腫脹出血。

3 細菌侵入,縫隙變大、變深且產生膿包。牙齦劇烈疼痛。齒槽骨開始遭到腐蝕。

若沒有舌頭和唾液，就什麼也吃不了

舌頭的功用並非只是感覺味道

舌頭表面有許多名為味蕾的器官聚集，舌頭上有多達1萬個味蕾。當這些味蕾裡的味覺細胞受到刺激，訊息經由神經傳送至大腦的味覺中樞，這時便能感覺味道。除此之外，唾液具有多項功用，像是幫助吞嚥食物、幫助消化、保持口腔乾淨等。人體有3大唾液腺，一天分泌1～1.5公升的唾液，而我們的口腔中隨時都有2～3毫升的唾液。

儘管舌頭普遍被認為只具有感覺味道的功用，但實際上舌頭在口腔裡兼具多項功能。說話的時候，更是少不了舌頭這個重要器官。

舌頭的功用

舌頭僅由肌肉構成，不僅能在口腔中前後左右移動，還能改變形狀，幫助進食與發聲。

吞嚥時

將進入口腔中的食物和液體集中在一起並移動至喉嚨深處，幫助進行吞嚥運動。

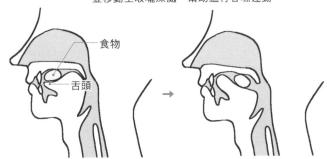

食物
舌頭

咀嚼時

促進唾液分泌，協助食物在口腔中移動，讓食物和唾液混合在一起，並且讓食物變成容易吞嚥的形狀。

感覺味道時

舌頭表面的味覺細胞能夠感知味道、溫度和口感。

發聲時

移動舌尖至牙齒後方、上顎等各個位置，將聲音轉化成語言。

若舌頭根部（舌根）的肌肉力量衰弱，睡覺時可能發生舌頭堵住呼吸道而無法呼吸的情況。

相關內容　舌頭：P94

64

唾液的7種功用

唾液具有多重功用,除了能幫助消化外,還與疾病預防有著密切關係,對維持健康至關重要

消化作用

唾液含有澱粉酶,能夠將澱粉分解成葡萄糖,藉此讓口中食物變柔軟。

清潔作用

保持口腔濕潤,不讓食物殘留在口中或沾附在牙齒表面,並且沖刷食物殘渣和細菌。

再礦化作用

牙齒表面(琺瑯質)遭蛀蝕後,唾液中的磷酸和鈣促使牙齒進行再礦化作用,讓遭到蛀蝕的部分恢復原狀。

保護作用

黏稠的黏蛋白成分保護口腔內側的黏膜,避免遭受各種外界刺激。

抗菌作用

免疫球蛋白A(IgA)、溶小體、乳鐵蛋白等抗菌成分抑制造成蛀牙、牙周病等的細菌繁殖。

味覺作用

食物成分溶解於唾液中,更容易感覺到味道。

預防蛀牙

吃東西後口腔中的轉糖鏈球菌(造成蛀牙的細菌)數量增加,進而使口腔內環境呈酸性狀態,而唾液有助於將酸性恢復成中性,讓轉糖鏈球菌無法再活動。

相關內容 牙齒:P62、消化:P66

唾液成分中99%是水

唾液是唾液腺利用血液中的液體成分製成的,所含的成分部分來自血液,部分由唾液腺製造。

●製造唾液的部位

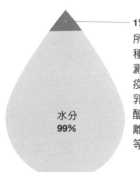

1%
所含成分超過100種。像是磷酸、鈣、澱粉酶、黏蛋白、免疫球蛋白A(IgA)、乳鐵蛋白、溶小體、醣蛋白、碳酸氫根離子、各種生長因子等。

水分
99%

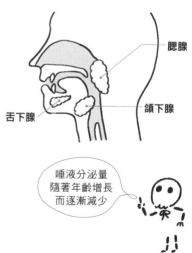

腮腺

頜下腺

舌下腺

唾液分泌量隨著年齡增長而逐漸減少

消化吸收食物，
保護身體免受病毒侵襲

將放入口中的食物分解成營養素並加以吸收的過程稱為消化。

另一方面，參與食物的攝取、消化、吸收，最後再排泄至體外的所有器官，統稱為消化器官。消化器官包含直接參與消化、吸收、排泄的消化道，以及分泌消化酵素的消化腺、唾液腺、肝臟、胰臟。占消化器官大部分的消化道是一根長管子，起自口腔，經咽部、食道、胃、小腸、大腸，一直延伸至肛門，以成年人來說，消化道總長度約9公尺。消化器官也具備免疫功能，保護身體不受食物中的病毒與細

消化器官的運作與消化所需時間

食物從口腔進入到從肛門離開，約需24〜72小時。
消化食物所需的時間較短，吸收營養所需的時間則較長。

消化器官	消化液 （1天分泌量）	功用	通過時間
1 口腔	唾液（1〜1.5ℓ）	消化	
2 食道		僅通過	固體約30〜60秒，液體約1〜6秒
3 胃	胃液（1.5〜2.5ℓ）	消化	固體約2〜4小時，液體1〜5分
4 十二指腸	胰液（0.7〜1ℓ） 膽汁（0.5〜1ℓ）	消化	
5 小腸	小腸液（1〜3ℓ）	消化・吸收	7〜9小時
6 大腸		吸收水分	10幾個小時
7 肛門		排泄	

相關內容　食道・胃：P68、小腸：P70、大腸・肛門：P72、十二指腸：P76

三大營養素的消化過程

營養素從口腔至小腸的期間,在各消化液所含的消化酵素作用下分解。
最終由小腸吸收,進入微血管和淋巴管中。

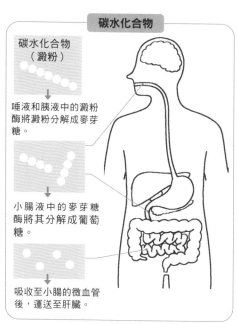

碳水化合物

碳水化合物
(澱粉)

唾液和胰液中的澱粉酶將澱粉分解成麥芽糖。

小腸液中的麥芽糖酶將其分解成葡萄糖。

吸收至小腸的微血管後,運送至肝臟。

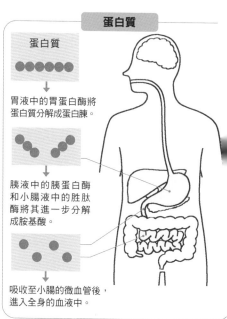

蛋白質

蛋白質

胃液中的胃蛋白酶將蛋白質分解成蛋白腖。

胰液中的胰蛋白酶和小腸液中的胜肽酶將其進一步分解成胺基酸。

吸收至小腸的微血管後,進入全身的血液中。

您知道嗎?

體溫只要下降1度,消化酵素的活動力跟著降低

消化酵素最活躍的環境是大約37℃,只要溫度上升或下降0.5℃,消化酵素的活動力會下降30～50%。這個數據同樣適用於人類體內,只要體溫下降1℃,消化酵素的活性就會變差,消化功能也會因此而降低。

膽汁雖然不含消化酵素,卻有助於消化脂肪。

脂肪

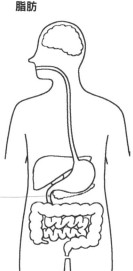

脂肪

胰液中的脂肪酶和膽汁將脂肪分解成甘油和脂肪酸。

吸收至小腸的微血管後,運送至淋巴管。

藉由蠕動和胃液
來消化食物

食道連接喉嚨與胃，主要負責將食物運送至胃。連接食道的胃是一個袋狀消化器官，內側壁上覆蓋有黏膜，外側則包覆著發達的肌肉。當食物進入胃部後，胃便開始反覆進行收縮鬆弛的蠕動，將食物搗碎混合在一起。蠕動是由3層肌肉負責進行的，1分鐘約3次，相當規律。此外，胃部內側的黏膜會分泌含有鹽酸和消化酵素的胃液，將食物消化成粥狀。接下來食物就會從胃的出口幽門進入十二指腸。

🎞 胃的構造與功用

成年人的胃在清空的時候，大概有一個拳頭大，但當食物進入胃後，胃會膨脹至15～20倍大，容量約1.5～2公升。

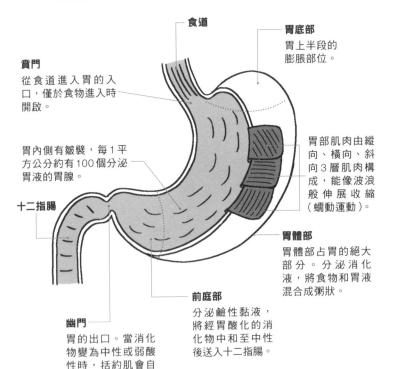

食道

胃底部
胃上半段的膨脹部位。

賁門
從食道進入胃的入口，僅於食物進入時開啟。

胃內側有皺襞，每1平方公分約有100個分泌胃液的胃腺。

十二指腸

胃部肌肉由縱向、橫向、斜向3層肌肉構成，能像波浪般伸展收縮（蠕動運動）。

胃體部
胃體部占胃的絕大部分。分泌消化液，將食物和胃液混合成粥狀。

前庭部
分泌鹼性黏液，將經胃酸化的消化物中和至中性後送入十二指腸。

幽門
胃的出口。當消化物變為中性或弱酸性時，括約肌會自動打開。如果酸度過高，則會反射性地關閉。

胃的蠕動機制

胃每隔15~20秒進行一次蠕動運動,將胃裡的食物以每次4㎝的速度移動至胃的出口處。

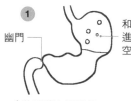

幽門

和食物一起進入胃裡的空氣。

食物囤積在胃體部,分泌胃液。幽門閉合。

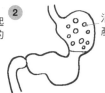

消化過程中產生的氣體。

食物和胃液混合成粥狀,並且往幽門移動。

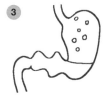

消化物在前庭部被中和成中性,幽門開啟將消化物送入十二指腸。

消化所需時間約2~4小時

您知道嗎?

「胃痛」和「胃脹」不一樣

胃痛和胃脹氣都是與胃部消化活動有關的症狀,但其發生的原因卻完全不同。胃痛是由於自主神經失調導致胃酸分泌增加,使粘膜發炎所致。胃脹氣則是胃功能減弱,胃酸分泌減少,導致消化不良的症狀。

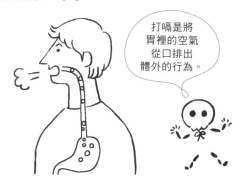

打嗝是將胃裡的空氣從口排出體外的行為。

食道的蠕動機制

無論身體是倒立還是橫躺,食物都不會留在食道或逆流而上。
食物在食道中並非直接向下掉落的,而是透過蠕動方式來運送的。

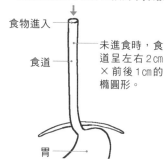

食物進入

食道

未進食時,食道呈左右2㎝×前後1㎝的橢圓形。

胃

① 當食物進入食道時,食道壁上的感受器被激活藉由神經向大腦發送信號,以使食道擴張。

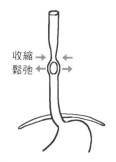

收縮

鬆弛

② 反覆收縮與鬆弛(蠕動運動),讓食物向下移動。

以成年人來說,食道長度約25㎝。

小腸具有吸收營養與免疫功能

消化至最終階段並吸收營養素

小腸是十二指腸、空腸、迴腸的總稱。全長7～8公尺的小腸主要負責針對胃消化後的食物進行更進一步的消化與吸收。在小腸分泌的消化液（小腸液）作用下，進行最終階段（葡萄糖、胺基酸等）的消化，並且由小腸黏膜負責吸收消化後的營養素。黏膜的皺襞上布滿名為絨毛的突起。絨毛使黏膜表面積增加，大幅提昇吸收營養素的效率。

另一方面，黏膜層裡有名為培氏斑塊的組織，具有免疫功能，有助於排除隨食物進入體內的病毒和細菌。

小腸構造

小腸由十二指腸、空腸、迴腸3個部分構成。
空腸和迴腸之間沒有明顯的界線。

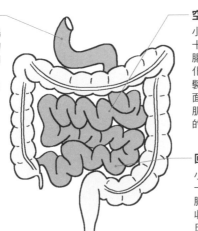

十二指腸
十二指腸是小腸的起始段，長約25㎝。在胰液和膽汁的作用下，進一步分解來自胃的消化物。

空腸
小腸的前半段，不算十二指腸，約占小腸的⅖，主要負責消化。內有許多環狀皺襞，可增加空腸的表面積。因為是由平滑肌構成，推壓消化物的力道相當大。

回腸
小腸後半段，不算十二指腸，約占小腸的⅗，主要負責吸收。因黏膜層有培氏斑塊，兼具免疫功能。

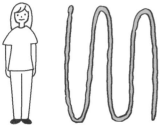

小腸總長約7～8公尺。
（成年人平均身高的5～6倍）

將小腸內側的環狀皺襞攤開後，面積約有20張榻榻米大。

小腸內部構造

小腸內側壁的構造使小腸能夠吸收更多的營養素。

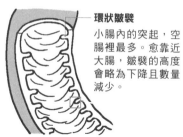

環狀皺襞
小腸內的突起，空腸裡最多。愈靠近大腸，皺襞的高度會略為下降且數量減少。

環狀皺襞構造

黏膜

絨毛
布滿環狀皺襞的表面。負責吸收營養素。

約5cm

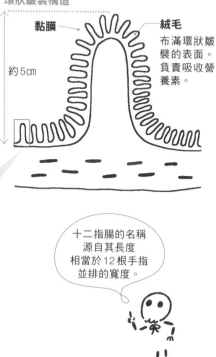

絨毛構造

吸收上皮
位於絨毛表面的細胞，負責吸收營養素。

靜脈
將吸收上皮所吸收的營養素溶解至血液中。

中央乳糜管
縱走於絨毛中心的微淋巴管。

約1mm

動脈

腸腺
分泌小腸液。

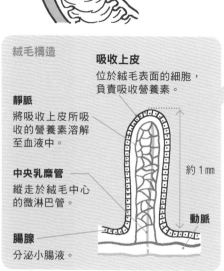

十二指腸的名稱源自其長度相當於12根手指並排的寬度。

小腸的免疫功能

負責免疫功能的是分布在迴腸絨毛的培氏斑塊。全身約70%的免疫細胞都聚集在小腸裡，小腸的免疫功能稱為「腸道免疫」。

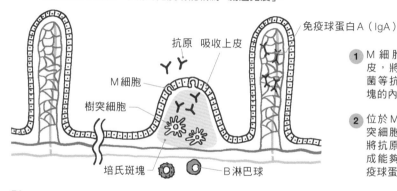

抗原　吸收上皮

M細胞

樹突細胞

培氏斑塊

B淋巴球

免疫球蛋白A（IgA）

❶ M細胞位於吸收上皮，將進入腸道的細菌等抗原送到培氏斑塊的內側。

❷ 位於M細胞附近的樹突細胞和B淋巴球等將抗原加以分解，生成能夠對抗抗原的免疫球蛋白A（IgA）。

形成糞便並排泄 是消化器官的最終部分

大腸接續於小腸之後，成年人的大腸長度約1.5公尺。大腸的大部分是結腸，負責從消化物中吸收水分和礦物質，使殘渣成為固體狀的糞便。進入大腸後的消化物會縮小至原來的1/4。

為了排泄，直腸出口處的肛門括約肌分為可自然放鬆的內括約肌和受意識控制的外括約肌。在內外括約肌的作用下，讓糞便不會隨意漏出。糞便從結腸進入直腸並暫時儲存在直腸，到達一定的量後，大腦便會下達指令引起便意，讓糞便從肛門排至體外。

糞便的形成過程

大腸繞著腹部形成一個圈，由盲腸、結腸、直腸3個部分構成。小腸吸收完營養素後，呈液體狀的消化物殘渣會逐漸形成糞便。

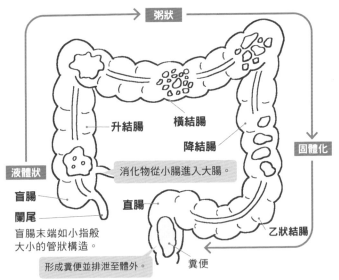

粥狀

升結腸

橫結腸

降結腸

固體化

液體狀

消化物從小腸進入大腸。

盲腸

闌尾

盲腸末端如小指般大小的管狀構造。

直腸

乙狀結腸

形成糞便並排泄至體外。

糞便

您知道嗎?

盲腸是退化的器官

草食性動物透過盲腸裡的腸內細菌分解野草所含的纖維素，並從中獲取醣類、維生素、胺基酸等營養素。人類的盲腸也曾經具備同樣功能，然而隨著進化，人類開始能從各式各樣的食物中獲取營養素，因此盲腸便逐漸退化，現已經變成一個沒有用處的器官。

糞便的80%是水分

糞便的成分大多是水，顏色主要來自十二指腸中混合了膽汁色素（膽紅素）。

糞便的水分含量超過80%為軟便，90%以上為腹瀉。

糞便的成分比例

- 10%　從腸道剝落的細胞、食物纖維、消化物殘渣。
- 10%　腸道細菌
- 80%　水分

腸道細菌的功用

腸內有約有1000種、100兆個腸道細菌，依功用可分為好菌、壞菌和伺機菌。腸道細菌的比例會隨年紀而改變，壞菌會隨著年齡增長而逐漸變多。

腸道中的生態一旦失衡，身體就會跟著出問題

3種腸道細菌的比例

- 20%
- 10%
- 70%

好菌
負責製造維生素、促進消化吸收、預防感染幫助維持健康。

壞菌
分解肉類等蛋白質，產生有害物質。壞菌過多容易造成腹瀉、便祕，以及引發疾病。糞便的臭味即是壞菌作用時所產生的氣體。

伺機菌
好菌多時會變成好菌，壞菌多時則會變成壞菌。

排便機制

排便由直腸和大腦共同協調完成。直腸裡有許多偵測糞便的神經，一旦養成忍耐不排便的習慣後，神經運作便會逐漸變遲鈍，最終變成不容易感覺便意而產生便祕。

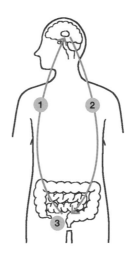

1 直腸到大腦（排便反射）
直腸堆滿糞便時，訊息經脊髓傳送至大腦下視丘，這時候會感覺便意。

2 大腦到直腸
大腦下視丘下達排便指令給肛門。

3 括約肌放鬆
收到排便指令後，腹肌收縮以施加腹壓，肛門括約肌放鬆後進行排便。

肝臟是人體中最賣力的器官

擁有500多種功能的體內化學工廠

肝臟重量約1～1.5 kg，是人體最大的內臟。具有生成膽汁、排除有害物質等500多種功能，其中最重要的是處理攝取後的營養素。能量來源的碳水化合物在小腸分解後，經肝門靜脈運送至肝臟。肝臟進一步將其分解成作為能量使用的葡萄糖並釋放至血液中供全身使用。另一方面，多餘的葡萄糖轉化成肝醣後儲存在肝臟裡。肝臟分解合成蛋白質時產生氨等有害物質，但肝臟將其轉化成尿素並釋放至血液中，然後再經由腎臟製造成尿液後排出體外。

消化器官吸收的營養素運送至肝臟

胃腸吸收到的營養素會集中到肝門靜脈，再運至肝臟。儲存於肝臟的營養素會透過肝靜脈和腔靜脈運送至心臟，提供給全身使用。

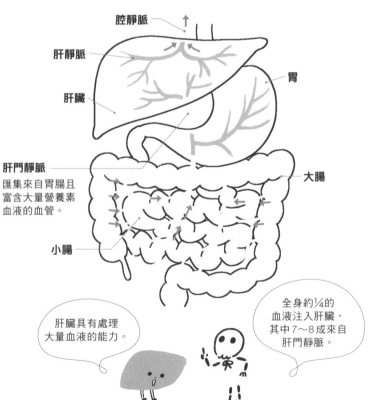

腔靜脈

肝靜脈

肝臟

胃

肝門靜脈
匯集來自胃腸且富含大量營養素血液的血管。

大腸

小腸

肝臟具有處理大量血液的能力。

全身約¼的血液注入肝臟，其中7～8成來自肝門靜脈。

74

肝臟的功用

肝臟如同工廠，負責製造、儲存營養物質，在需要時將其送往全身各處。除此之外，肝臟還具有幫助消化、生成膽汁、解毒等重要功用，想要維持生命，就需要有個健康的肝臟。

分解與合成營養素
對碳水化合物（糖類）、蛋白質、脂質，以及消化器官吸收到的營養素進行分解或合成。

能量的貯存與代謝
儲存肝醣、脂質，及小腸吸收到的維生素與鐵質，於必要時送至全身各處。

生成膽汁
分解老舊紅血球所含的血紅蛋白，將其製成能幫助消化脂肪的膽汁。

解毒
將進入血液的有毒物質和老舊廢物、酒精等分解成無毒物質。處理後的物質將成為製作膽汁的材料或形成尿液。

吸收酒精並加以分解

進入體內的酒精於肝臟進行分解，最終以尿液或汗液排出體外。
酒精攝取過多導致肝臟來不及處理時，會讓酒精殘留於體內產生酒醉的結果。

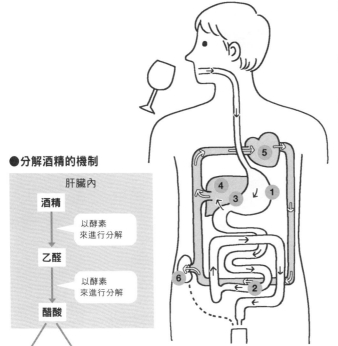

●分解酒精的機制

肝臟內

酒精
　↓　以酵素來進行分解
乙醛
　↓　以酵素來進行分解
醋酸
　↓
二氧化碳　　水

1 胃吸收酒精
進入胃裡的酒精約20%會被胃吸收。

2 小腸吸收酒精
剩餘的由小腸吸收。

3 運送至肝臟
經肝門靜脈將吸收到的酒精送至肝臟。

4 在肝臟進行分解
將酒精分解成乙醛後，再進一步分解成醋酸。

5 從心臟運送至全身
將醋酸運送至心臟，再由心臟送至全身。

6 在肌肉和脂肪組織中分解
在肌肉和脂肪組織中將醋酸分解成水和二氧化碳，透過汗液、尿液或呼氣方式排出體外。

28

與消化、吸收相關的器官〔膽囊・胰臟〕

開始消化即啟動的膽囊和胰臟

分泌消化液至十二指腸，雙管齊下促進消化

真正要開始消化食物的時候，膽囊和胰臟便會分泌消化液至十二指腸。膽囊是位於肝臟下方的袋狀器官，主要負責濃縮、貯存肝臟所製造的膽汁。膽汁具有促進消化脂肪的功用，當脂肪含量高的食物進入十二指腸後，膽囊便會反應並透過總膽管排放膽汁至十二指腸。

胰臟位在胃的後方，長度約15公分，分泌胰液和荷爾蒙。胰液是強力消化液，含有澱粉酶、胰蛋白酶、脂肪酶等各種分解營養素的成分，能促進食物的消化。

連接十二指腸、膽囊與胰臟

胰臟位在胃的後方，像是被十二指腸包圍。膽囊經由總肝管和肝臟相連接，經由總膽管連接至十二指腸。

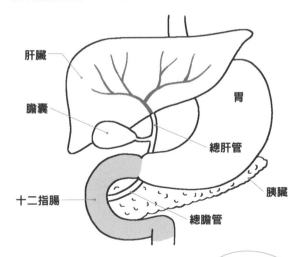

肝臟
膽囊
胃
總肝管
胰臟
十二指腸
總膽管

● 2種消化液的功用

膽汁
將脂肪轉換成可溶於水的成分（乳化），方便小腸消化與吸收，也能促使脂溶性維生素的吸收。

胰液
胰液能分解三大營養素的碳水化合物、蛋白質和脂肪，還能中和因胃酸作用而呈酸性的消化物。

胰液是消化液中消化能力最強的一種。

76

膽汁和胰液的分泌機制

消化物進入十二指腸時，十二指腸會分泌荷爾蒙，荷爾蒙刺激膽囊和胰臟開始分泌膽汁和胰液。

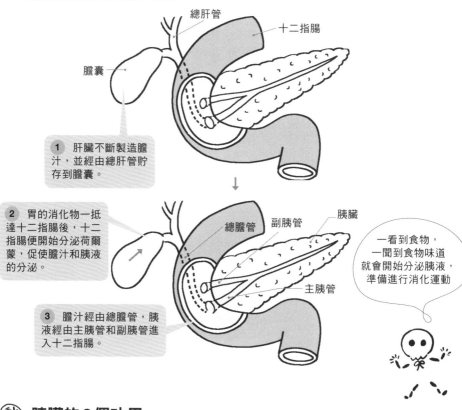

總肝管

十二指腸

膽囊

1　肝臟不斷製造膽汁，並經由總肝管貯存到膽囊。

2　胃的消化物一抵達十二指腸後，十二指腸便開始分泌荷爾蒙，促使膽汁和胰液的分泌。

總膽管　副胰管　胰臟

一看到食物，一聞到食物味道就會開始分泌胰液，準備進行消化運動

主胰管

3　膽汁經由總膽管，胰液經由主胰管和副胰管進入十二指腸。

胰臟的2個功用

胰臟有2大重要功用：①幫助消化；②透過胰島細胞團分泌荷爾蒙進行血糖調整。

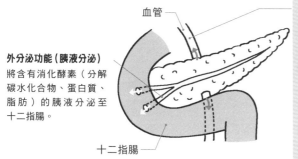

血管

內分泌功能（荷爾蒙分泌）
分泌胰島素和升糖素至血液中，進行血糖的調整。

胰島素
降低血糖值的荷爾蒙。將葡萄糖轉化成肝醣儲存於肝臟。血糖值於進食後上升，這時胰島素會被釋放至血液。

升糖素
增加血糖值的荷爾蒙。將儲存於肝臟的肝醣轉化成葡萄糖，於血糖值下降的空腹時釋放至血液中。

外分泌功能（胰液分泌）
將含有消化酵素（分解碳水化合物、蛋白質、脂肪）的胰液分泌至十二指腸。

十二指腸

腦是支配生命與活動的總司令

腦的功能依不同區域而異

腦是維持生命的重要器官，接收來自身體各個角落的大小訊息，並下達各項指令至相對應的組織。腦分為大腦、小腦和腦幹三個部分，以成年人來說，腦的總重量約為1.2～1.6公斤，其中80％是大腦。

分為左右兩個半球的大腦主要掌管思考和語言相關的知性活動。位於枕部的小腦，主要掌控身體平衡和運動。而連接脊髓的腦幹則負責意識、呼吸、循環等生命相關的功能。為了避免這些身體中樞機構的腦受到任何一丁點損傷，顱骨和3層腦膜將腦保護得滴水不漏。

腦的構造與功能

腦大致分為大腦、小腦、腦幹3個部分，每個部分的功能不一樣。連結大腦與脊髓的是腦幹，位於枕部且半隱藏在大腦下方的是小腦。

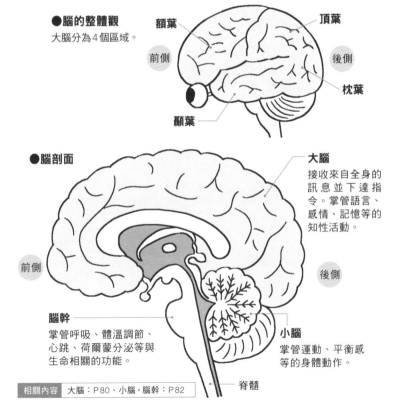

●腦的整體觀
大腦分為4個區域。

額葉

頂葉

前側

後側

枕葉

顳葉

●腦剖面

前側

後側

大腦
接收來自全身的訊息並下達指令。掌管語言、感情、記憶等的知性活動。

腦幹
掌管呼吸、體溫調節、心跳、荷爾蒙分泌等與生命相關的功能。

小腦
掌管運動、平衡感等的身體動作。

脊髓

相關內容　大腦：P80、小腦‧腦幹：P82

左右腦發揮不同功能

大腦分為左右二個半球，右側為右腦，左側為左腦；位於正中央連結左、右腦的是稱為胼胝體的粗神經纖維束，協同左、右腦進行作業。

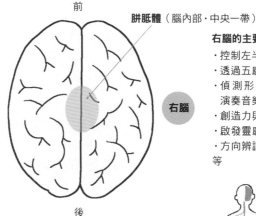

前

胼胝體（腦內部・中央一帶）

左腦的主要功能
・控制右半身活動
・讀書、寫字、說話等語言活動
・邏輯思考、科學思考
・時間概念
・計算能力
・推測能力
等

左腦

右腦

右腦的主要功能
・控制左半身活動
・透過五感接受訊息
・偵測形狀、繪畫、演奏音樂、聆聽
・創造力與藝術天分
・啟發靈感、想像力
・方向辨識、空間感
等

後

左右腦分開且各自發達的生物就只有人類！

●**左右交換的神經**

大腦延伸至全身的神經於腦幹的延髓處進行左右交換。因此左腦掌管右半身，右腦掌管左半身。

向全身傳送訊息的神經傳導機制

將大腦的指令發送至全身的任務主要是由稱為神經元的神經細胞負責。神經元與神經元的連接部位稱為突觸。

神經元

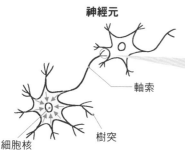

軸索

細胞核

樹突

樹突傳遞刺激至神經元時，神經元會在內部產生電流，訊息以電訊號的形式在細胞內傳送。

突觸

軸突　突觸小泡　　樹突

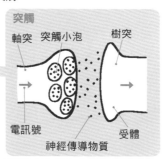

電訊號　　神經傳導物質　受體

電訊號抵達神經元的軸突前端時，突觸小泡會釋放神經傳導物質，傳送至緊鄰的神經元樹突受體。

透過這種方式來傳輸神經訊息，速度約每秒60ｍ。

掌管感情、記憶、訊息處理的大腦

執行知性活動的大腦皮質與本能相關的大腦髓質

大腦以深腦溝為界線分為額葉、頂葉、顳葉、枕葉4個區域。大腦進一步分為覆蓋表面的大腦皮質和位於其下方的大腦髓質。大腦皮質是腦部最發達的部位，而不同區域負責的功能也不盡相同。

神經纖維成束的大腦髓質裡有大腦邊緣系統，這個部位包圍連結左右腦半球的胼胝體。大腦邊緣系統參與記憶、情緒、性慾等與本能有關的功能。大腦邊緣系統中的海馬迴與暫時儲存記憶有關，若要轉化成固定的長期記憶，則需要傳送至大腦皮質進行處理。

大腦皮質不同區域的功用各不相同

大腦皮質不同區域各自負責不同功能，稱為「大腦皮質功能的偏側化」。

初級體感覺皮質區
從皮膚、肌肉接收感覺訊息，感受大小、觸覺、疼痛、溫度和壓力。

味覺皮質區
透過舌頭感覺味道。

初級運動皮質區
下達活動身體的指令。

前額葉聯合區
主管思考、推理、創造等知性活動，以及產生情緒等的精神活動。也就是與「心」有密切關係。

中央溝

視覺聯合區
根據過去的記憶，處理複雜的視覺訊號。

前

後

運動性語言中樞
活動口舌說話、發出聲音。

外側溝

初級聽覺皮質區
耳朵感知聲音。

顳葉聯合區
根據視覺區別形狀和顏色。

聽覺性語言中樞
理解他人說的話，理解語言的意思並轉化為言語。

初級視覺皮質區
理解眼睛看到的視覺訊號所包含的意義。

掌管記憶的區域和機制

記憶保存在大腦皮質，但記憶內容因運作區域而有所不同。

● 從左側觀察大腦內部的透視圖

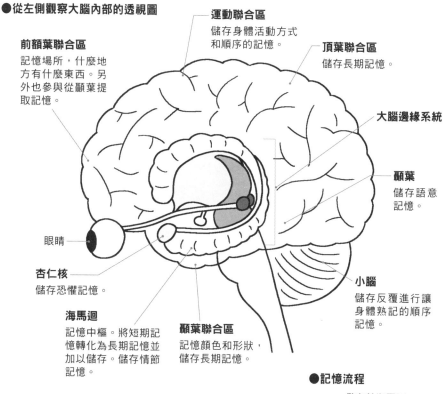

運動聯合區
儲存身體活動方式和順序的記憶。

頂葉聯合區
儲存長期記憶。

前額葉聯合區
記憶場所，什麼地方有什麼東西。另外也參與從顳葉提取記憶。

大腦邊緣系統

顳葉
儲存語意記憶。

眼睛

杏仁核
儲存恐懼記憶。

海馬迴
記憶中樞。將短期記憶轉化為長期記憶並加以儲存。儲存情節記憶。

顳葉聯合區
記憶顏色和形狀，儲存長期記憶。

小腦
儲存反覆進行讓身體熟記的順序記憶。

● 記憶的種類

	內容	儲存區域
語意記憶	名稱（物體名、人名、地名等所有名稱）、味道、氣味、學問知識等記憶。	顳葉
順序記憶	物體使用方法、樂器演奏方法、騎自行車的方法、開車方法、運動等反覆操作讓身體熟記的記憶。	小腦
情節記憶	基於自身經驗的記憶。	海馬迴、前額葉
恐懼記憶	恐怖的體驗和深受傷害的記憶。	杏仁核

● 記憶流程

儲存於海馬迴

短期記憶
↓
立刻忘記

經海馬周邊的迴路處理後，形成長期記憶並儲存在大腦皮質各聯合區。

短期記憶
↓
立刻忘記

長期記憶

長期記憶

一再重複後於海馬迴轉換為長期記憶。

大腦下方是身負重任的小腦和腦幹

大腦下方輔助生命與運動的小器官

小腦位於大腦後下方，重量約120克，是大腦的⅒，但神經數卻是大腦的好幾倍。小腦主要負責蒐集身體的方向、動作和平衡等訊息，並根據這些訊息進行調整，好讓身體能如實按照大腦的指令來活動。舉例來說，運動時，透過反覆練習臻於完美，仰賴的就是小腦不斷地進行調整。

腦幹由間腦、中腦、橋腦和延髓構成，位於大腦下方並連接至脊髓，是個長約7.5公分的拇指般器官，雖然不起眼，卻和呼吸、血液循環、體溫調節等生命維持功能息息相關。

小腦是進行目標活動的指揮官

小腦位在大腦後方。小腦的指令經腦幹傳送至脊髓，然後再經由周邊神經傳送至全身。

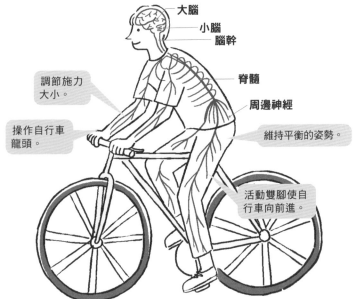

大腦
小腦
腦幹
脊髓
周邊神經

調節施力大小。

操作自行車龍頭。

維持平衡的姿勢。

活動雙腳使自行車向前進。

相關內容　神經系統：P86

●小腦的3種功用

熟記運動動作
透過反覆運動，針對動作與施力大小進行微調並記憶，藉此獲得更好的運動表現。

維持身體平衡
接收來自內耳的平衡訊息，根據訊息以維持身體的平衡。

保持姿勢
通過感應骨骼肌和關節來偵測身體的移動方向等訊息（深層感覺），根據這些訊息來保持姿勢。

腦幹的構造與功用

在連接大腦與脊髓的中樞神經中，腦幹占有一席重要地位。
拇指般的大小，包含有：間腦、橋腦、中腦和延髓。

視丘

除了嗅覺，其他像是視覺、聽覺等全身感覺的訊息都會集中至視丘。然後再將接收到的訊息傳送至大腦。

間腦

下視丘

負責調節體溫、消化運動、睡眠、調解體內水分等。是自律神經系統和內分泌系統（荷爾蒙）的中樞。

腦下垂體

垂掛於下視丘的下方。收到來自下視丘的指令後分泌荷爾蒙。

橋腦

控制面部表情、調節淚腺，也與臉部周圍的感覺神經（味覺、聽覺、平衡感覺）息息相關。另外也參與調節呼吸深度和節奏。

中腦

視覺和聽覺的中繼站。調節眼睛動作和瞳孔大小。

延髓

是連結大腦、小腦和脊髓的中繼站，參與全身的運動調整。也是調整呼吸、血液循環、消化、流汗、心跳數、血壓等各種維持生命功能的中樞。

腦幹具備的4種生命維持功能

腦幹是調節維持生命所需功能的器官，若因某種因素受損而失去功能，可能會導致死亡。

脊髓骨骼神經系統

・透過反射運動保護身體（瞳孔依光線強弱開合等）。

・感知五感並傳送至大腦皮質。

・偵測平衡感覺，保持姿勢或走路時維持身體平衡。

自律神經系統

・根據血液中二氧化碳的濃度調整呼吸。

・調節血壓、血糖等以維持正常血液循環。

・感受氣溫變化，隨時調整體溫。

・透過排汗和排尿等調節體內水分，使其保持適當程度。

・調節內臟運作功能。

內分泌系統

・分泌促進食慾的荷爾蒙。

・分泌促進性慾的荷爾蒙。

・分泌促進睡眠的荷爾蒙。

・分泌調節心理平衡的荷爾蒙。

免疫系統

・透過排便、排尿、排汗、眼屎等方式排出體內毒素。

・細菌入侵體內時，活化免疫細胞。

・反射性排出入侵體內的異物（打噴嚏、流淚等方式）。

儘管大腦失去功能，只要腦幹持續運作，仍然可以維持呼吸和生命體徵。這樣的狀態稱為植物人狀態。

32

睡覺時，大腦也處於休息狀態嗎？

大腦皮質於快速動眼期處於近乎清醒的狀態

睡眠由淺層快速動眼期睡眠和深層非快速動眼期睡眠兩種狀態交替組成。在快速動眼期睡眠中，大腦皮質的活動力比清醒時還要強烈，透過頻繁做夢以整合記憶並加以鞏固。根據研究結果顯示，負責排除腦內老舊廢物的膠淋巴系統在快速動眼期睡眠中最為活躍。膠淋巴系統的運作機制為構成中樞神經的膠細胞於快速動眼期睡眠中縮小，為大腦騰出空間，好讓腦脊髓液順著這些空間一口氣運走腦內的老舊廢物。假設這個系統無法順利運作，極可能造成老舊廢物堆積於腦內，極可能成為失智症的導火線。

睡眠具有6種功用

睡眠之所以重要，並非只是為了讓身體休息。睡眠中還是有器官持續在運作中，大腦和身體將趁這個時候進行保養。

大腦和身體休息
非快速動眼期睡眠中，大腦進入休息狀態；快速動眼期睡眠中，身體進入休息狀態。大腦和身體交互休息，彼此都能獲得深度的休養。

調整自律神經
交感神經的活動減弱，副交感神經變活躍。睡眠是為了平衡兩者，避免交感神經過於活絡。

提高免疫力
病毒進入體內後，免疫細胞開始活動，在細胞激素這種生物活性物質的作用下，打造一個讓免疫細胞能夠充分發揮功能的環境。正因為如此，發燒時才會特別想睡覺。

記憶整合
在非快速動眼期睡眠中，記憶訊息從海馬迴傳送至大腦皮質，並於快速動眼期將與過往記憶有關的記憶整合在一起。

分泌荷爾蒙促使代謝
進入深層睡眠後，開始分泌促使骨骼和肌肉生長、保持美麗皮膚等的生長激素。

排除腦內的老舊廢物
腦細胞代謝時所產生的老舊廢物送至腦脊髓液，經由血液和淋巴管系統回收。這項功能主要在睡眠中進行，活動量是白天的4～10倍。

> 睡眠固然重要，但過長的睡眠時間也不行。這樣容易導致自律神經失調，進而引發身體不適。

睡眠由快速動眼期和非快速動眼期交替組成

快速動眼期睡眠和非快速動眼期睡眠交替出現。入睡後的第一次深度非快速動眼期結束後，接下來的非快速動眼期睡眠會逐漸變淺。

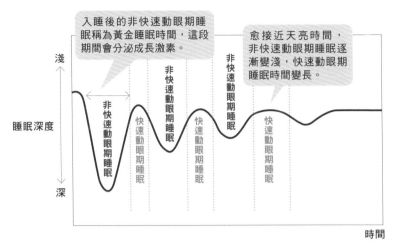

	非快速動眼期睡眠	快速動眼期睡眠
功用	・腦部休息 ・分泌成長激素，促進代謝 ・鞏固記憶 ・副交感神經活絡	・身體休息 ・清除腦內老舊廢物 ・整合記憶並加以鞏固
睡眠深度	深	淺
呼吸	緩慢深呼吸。穩定的節奏	淺呼吸。次數增加且不規律
心跳	緩慢且穩定	不規律變動
血壓	下降	不規律變動，或者上升
體溫	下降	不規律變動，或者上升
眼球動作	停止	快速轉動。做夢的狀態
肌肉動作	反覆翻身，消除疲勞	全身無力，幾乎不動
腦波	大波	細小波
清醒	不容易清醒過來	容易清醒
做夢記憶	起床後什麼都不記得	起床後多半還記得

遍布全身的神經系統

中樞神經和周邊神經在反應和運動中扮演重要角色

因應外界狀況、做出身體反應的整個過程，和傳遞訊息的神經系統有著密切的關係。神經系統分為中樞神經和周邊神經：周邊神經猶如一張大網分布於全身，負責蒐集身體狀況和所處的狀態等訊息，再將訊息傳至中樞神經（腦和脊髓），由中樞神經決定該採取什麼樣的反應、運動或作用。周邊神經再將這個決定傳送至各部位。周邊神經可再進一步分為軀體神經系統和自律神經系統。軀體神經系統負責感知、運動，自律神經系統則和呼吸、循環等維持生命的功能有關。

神經系統的分類

全身的神經系統分為中樞神經系統和周邊神經系統，周邊神經系統再進一步依功能細分成以下各系統。

中樞神經

由腦與脊髓構成。接收並整合來自周邊神經的訊息，然後下達指令。

周邊神經

分布於全身各部位。將全身的訊息傳送至中樞神經，然後接收指令。

自律神經

調整內臟器官的功能，功能正常運作才能減輕或改善身體不適症狀。不受自我意志控制。

軀體神經

將五感蒐集的感覺訊息傳送至大腦、將活動身體的指令傳送至肌肉。能夠受自我意志控制。

交感神經

促使血管收縮、增加心跳數。

副交感神經

促使血管擴張、減少心跳數。

交感神經和副交感神經對器官的作用完全相反。

運動神經

接收來自中樞神經的動作指令，並且傳送至身體各部位的肌肉。

感覺神經

從外界接收視覺、聽覺、觸覺、嗅覺、味覺的五感訊息，並且傳送至大腦。

相關內容 | 自律神經：P204

您知道嗎？

其實根本沒有反射神經這種器官

人們總是稱讚那些運動反應迅速靈敏的人「反射神經很好」，但從醫學的角度來看，人體根本不存在反射神經。就醫學的定義來說，人體對刺激做出無意識的反應稱為「反射」。當感覺神經偵測到刺激後，不經過大腦直接由脊髓和延髓對運動神經下達指令就稱為「脊髓反射」或「延髓反射」。

全身的神經系統

神經由神經元（神經細胞）和神經纖維集結而成。神經分為中樞神經系統（腦和脊髓）和延伸至全身的周邊神經系統。

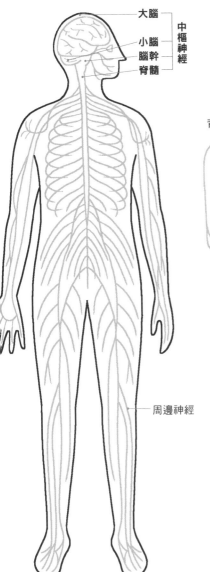

大腦
小腦　｝中樞神經
腦幹
脊髓

周邊神經

感覺神經和運動神經的傳遞方式

感覺神經：從周邊神經向上傳送訊息至中樞神經。
運動神經：從中樞神經向下傳送指令到全身。所有的訊息在神經細胞中轉換成電訊號後傳遞。

●感覺神經的傳遞

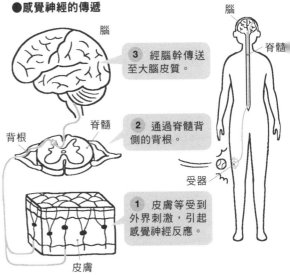

腦

3　經腦幹傳送至大腦皮質。

脊髓

背根

2　通過脊髓背側的背根。

受器

1　皮膚等受到外界刺激，引起感覺神經反應。

皮膚

●運動神經的傳遞

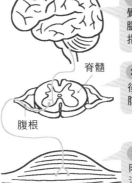
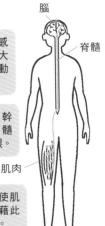

腦

1　收到感覺訊息的大腦下達運動指令。

脊髓

2　經腦幹後通過脊髓腹側的腹根。

腹根

肌肉

3　指令使肌肉收縮並藉此活動身體。

肌肉

為什麼耳朵聽得到聲音

耳朵捕捉聲音振動，傳送至大腦

耳朵是捕捉外界的聲音訊息並傳送至大腦的器官。耳朵的構造分為外耳、中耳和內耳。突出於外側的耳廓至俗稱「耳孔」的外耳道是外耳，從鼓膜至聽小骨是中耳，從三半規管至神經為內耳。

耳廓和外耳道捕捉聲音振動後傳送至中耳的鼓膜。聲波繼續往耳朵深處傳遞，裡面有人體最小塊骨骼構成的聽小骨，聽小骨具有放大或降低聲波的功能。聲波再繼續往深處的螺旋狀耳蝸傳送，充滿耳蝸內的淋巴液受到振動後經神經感知，最後由大腦認知為聲音。

聽到聲音的機制

聲音的本質是空氣振動。振動經由耳內器官的一連串傳遞，以電訊號的形式傳送至大腦，最終由大腦認知為聲音。

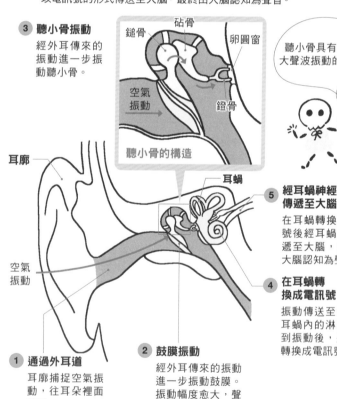

3 聽小骨振動
經外耳傳來的振動進一步振動聽小骨。

鎚骨　砧骨　卵圓窗

空氣振動

鐙骨

聽小骨的構造

聽小骨具有抑制過大聲波振動的功用。

耳廓

耳蝸

5 經耳蝸神經傳遞至大腦
在耳蝸轉換成電訊號後經耳蝸神經傳遞至大腦，最後由大腦認知為聲音。

空氣振動

4 在耳蝸轉換成電訊號
振動傳送至耳蝸，耳蝸內的淋巴液受到振動後，將聲波轉換成電訊號。

1 通過外耳道
耳廓捕捉空氣振動，往耳朵裡面傳送。

2 鼓膜振動
經外耳傳來的振動進一步振動鼓膜。振動幅度愈大，聲音愈大。

耳朵的構造與功用

耳朵構造由外至內分為外耳、中耳和內耳。

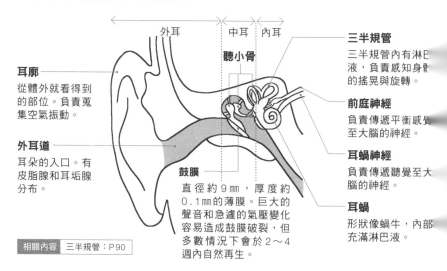

外耳　中耳　內耳

聽小骨

三半規管
三半規管內有淋巴液，負責感知身體的搖晃與旋轉。

耳廓
從體外就看得到的部位。負責蒐集空氣振動。

前庭神經
負責傳遞平衡感覺至大腦的神經。

耳蝸神經
負責傳遞聽覺至大腦的神經。

外耳道
耳朵的入口。有皮脂腺和耳垢腺分布。

鼓膜
直徑約9mm，厚度約0.1mm的薄膜。巨大的聲音和急遽的氣壓變化容易造成鼓膜破裂，但多數情況下會於2～4週內自然再生。

耳蝸
形狀像蝸牛，內部充滿淋巴液。

相關內容　三半規管：P90

您知道嗎？

錄音的聲音為什麼聽起來不像是自己的聲音？

應該有很多人都覺得錄音的聲音聽起來不像是自己的真實聲音吧。這是因為聲音的傳導方式不一樣所致。平時我們聽習慣的真實聲音是顱骨振動傳遞至耳蝸的「骨傳導聲音」，再加上耳朵捕捉空氣振動的「空氣傳導聲音」。但錄音卻只能聽到空氣傳導的聲音，因此即便是同一個人的聲音，聽起來也有所不同。

空氣傳導聲音
外界空氣振動傳入耳內。

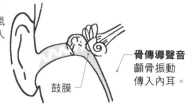

骨傳導聲音
顱骨振動傳入內耳。

鼓膜

說話時是透過兩種方式聽到自己的聲音。

耳垢的真面目

耳垢與位於外耳道的皮脂腺和耳垢腺有關。皮脂腺分泌的皮脂、耳垢腺分泌的黏液和灰塵汙垢混在一起變硬後就成了耳垢。

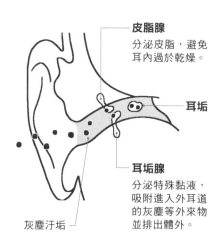

皮脂腺
分泌皮脂，避免耳內過於乾燥。

耳垢

耳垢腺
分泌特殊黏液，吸附進入外耳道的灰塵等外來物並排出體外。

灰塵汙垢

藉由內耳來感知
身體的傾斜與旋轉

耳朵除了聽見聲音，還負責感知身體傾斜與旋轉的平衡覺。內耳的三半規管偵測身體傾斜，前庭偵測頭部傾斜。三半規管由3個環狀管構成，裡面充滿淋巴液，基部的壺腹內有纖毛。頭部旋轉時攪動三半規管裡的淋巴液，淋巴液的流動刺激纖毛擺動，從而感知頭部傾斜。另一方面，前庭裡有球囊和橢圓囊，兩者內部皆有纖毛和碳酸鈣形成的耳石。頭部傾斜使耳石跟著滾動，在連鎖反應下刺激纖毛擺動，從而偵測頭部傾斜狀態。

感知旋轉的三半規管

三半規管由3個半環狀管構成，朝向不同方向，能感知3個方向的旋轉。

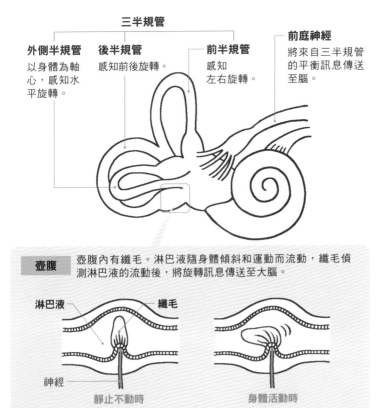

三半規管

外側半規管
以身體為軸心，感知水平旋轉。

後半規管
感知前後旋轉。

前半規管
感知
左右旋轉。

前庭神經
將來自三半規管的平衡訊息傳送至腦。

| 壺腹 | 壺腹內有纖毛。淋巴液隨身體傾斜和運動而流動，纖毛偵測淋巴液的流動後，將旋轉訊息傳送至大腦。 |

淋巴液　　　　纖毛

神經

靜止不動時　　　　身體活動時

感知身體傾斜的前庭

前庭器官包含三半規管、橢圓囊和球囊。基於橢圓囊和球囊的訊息可以得知身體的傾斜程度。

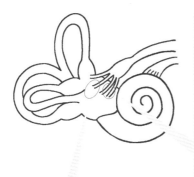

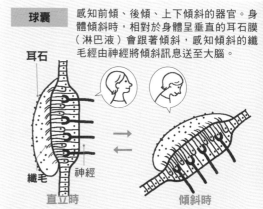

球囊　感知前傾、後傾、上下傾斜的器官。身體傾斜時，相對於身體呈垂直的耳石膜（淋巴液）會跟著傾斜，感知傾斜的纖毛經由神經將傾斜訊息送至大腦。

耳石

纖毛　神經

直立時　　　　　　傾斜時

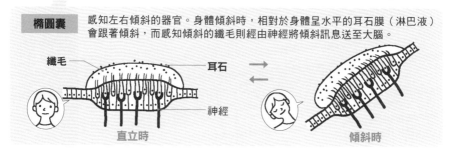

橢圓囊　感知左右傾斜的器官。身體傾斜時，相對於身體呈水平的耳石膜（淋巴液）會跟著傾斜，而感知傾斜的纖毛則經由神經將傾斜訊息送至大腦。

纖毛　　　　　耳石

　　　　　　　神經

直立時　　　　　　傾斜時

頭暈的機轉

身體轉了好幾圈後，即便已經停止轉圈，仍會感到天旋地轉，這是因為視覺訊息和三半規管的感知訊息沒有同步，導致大腦產生短暫混亂。

身體旋轉時，眼睛跟著移動以掌握周遭景象，但視覺訊息會慢慢跟不上旋轉速度。

淋巴液　纖毛

旋轉方向

身體一開始旋轉，淋巴液就會朝反方向流動，纖毛也會朝淋巴液流動的方向擺動。

旋轉時

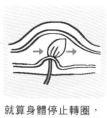

停止轉圈

就算身體停止轉圈，淋巴液的流動也無法立即停止，纖毛只能隨著淋巴液繼續擺動，大腦也跟著持續收到旋轉的訊息。

從眼睛進入的影像
經大腦解讀後加以認知

感知光線、看見物體的眼睛器官是由直徑約1元硬幣的眼球和保護眼球的眼瞼等所構成。眼球前方有鏡頭般功能的水晶體，進入眼睛的影像會在這裡屈折後落在包覆眼球的視網膜上。落在視網膜上的影像呈上下左右顛倒，接著再由大腦將視網膜接收的訊息加以整頓回正。

左右眼看到的影像略有不同，但透過大腦將兩個影像合成後，便能形成立體的視覺效果。這也是我們能夠掌握自己與物體的距離、遠近感的原因。

流淚的機轉

眼球表面隨時保持濕潤是因為眼球隨時在分泌淚液。雖然睡覺期間不分泌，但1天至少分泌20滴眼藥水分量（約0.7g）的淚液。

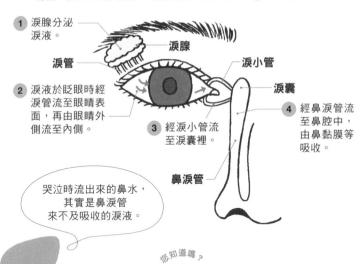

1 淚腺分泌淚液。

淚腺

淚管

淚小管

淚囊

2 淚液於眨眼時經淚管流至眼睛表面，再由眼睛外側流至內側。

3 經淚小管流至淚囊裡。

4 經鼻淚管流至鼻腔中，由鼻黏膜等吸收。

鼻淚管

哭泣時流出來的鼻水，其實是鼻淚管來不及吸收的淚液。

●淚液的功用

・幫眼球表面進行殺菌，沖洗髒汙和灰塵。
・滋潤眼球表面，使眼球不易受到傷害。
・供給角膜氧氣和營養。

您知道嗎？

淚液帶有鹹味的原因

淚液成分中約98％為水，另外還包含氯化鈉、鉀、鈣等電解質、蛋白質、維生素A和酵素等。淚液之所以帶有鹹味，主要來自淚液成分的氯化鈉（鹽）。附帶一說，淚液味道並非一陳不變，會因為流淚原因而有些許變化。

眼球的構造和視覺機制

眼球接收的視覺訊息經眼睛深處的視神經傳送至大腦。眼球接收光線並形成影像，現在讓我們一起來看看眼球的剖面構造。

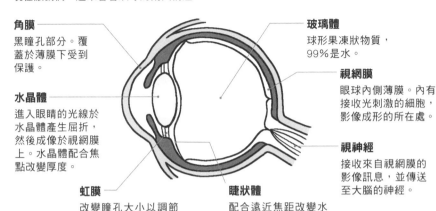

角膜
黑瞳孔部分。覆蓋於薄膜下受到保護。

水晶體
進入眼睛的光線於水晶體產生屈折，然後成像於視網膜上。水晶體配合焦點改變厚度。

虹膜
改變瞳孔大小以調節進入眼睛的光線量。

玻璃體
球形果凍狀物質，99％是水。

視網膜
眼球內側薄膜。內有接收光刺激的細胞，影像成形的所在處。

視神經
接收來自視網膜的影像訊息，並傳送至大腦的神經。

睫狀體
配合遠近焦距改變水晶體厚度的肌纖維。

看遠清楚，看近卻模糊的老花眼

一旦出現老花眼，會變成看遠很清楚，看近則像霧裡看花。
主要是因為水晶體調節厚度的功能衰退所致。

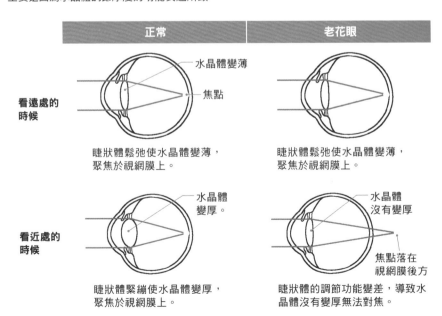

	正常	老花眼
看遠處的時候	水晶體變薄／焦點 睫狀體鬆弛使水晶體變薄，聚焦於視網膜上。	睫狀體鬆弛使水晶體變薄，聚焦於視網膜上。
看近處的時候	水晶體變厚。 睫狀體緊繃使水晶體變厚，聚焦於視網膜上。	水晶體沒有變厚／焦點落在視網膜後方 睫狀體的調節功能變差，導致水晶體沒有變厚無法對焦。

負責呼吸和嗅覺的混合型器官

鼻子既是將空氣吸入體內的呼吸器官，同時也是嗅聞氣味的嗅覺器官。鼻子的入口處稱為鼻孔，含鼻孔在內的鼻內空間稱為鼻腔。鼻腔有3層空氣通道，吸入的空氣經由最上層的上鼻道進入，呼出的空氣則由中鼻道和下鼻道排出。鼻孔和鼻道上的鼻毛能幫助排除隨空氣進入的髒汙與塵埃。

上鼻道有稱為嗅球的受器，能感知氣味。舌頭上的味蕾負責接收味覺訊息，鼻子負責接收氣味訊息，這兩種訊息在大腦整合後，才得以辨識出味道。

感覺氣味與味道的機轉

嗅覺和味覺在感知味道上占有重要地位，在接收到的訊息後經由嗅神經和味覺神經依不同路徑傳送至大腦。視覺也是感知味道的重要來源。

大腦皮質的味覺皮質區和嗅覺皮質區產生反應。

大腦

嗅球

鼻腔

舌頭

腦幹

氣味傳導路徑

嗅球　　嗅神經

3　→往大腦

2

嗅上皮

1

氣味物質　　嗅纖毛　嗅覺細胞

❶嗅上皮和嗅纖毛捕捉氣味物質。❷嗅覺細胞將氣味訊息轉換成電訊號。❸嗅神經將氣味訊息傳送至大腦。

味覺傳導路徑

舌頭上皮　味道物質　　1　微絨毛

味孔

味蕾

2

味覺細胞　　味覺神經

3

→往大腦

❶味蕾表面的微絨毛偵測到溶解於唾液中的味道物質，透過味孔加以捕捉。❷味覺細胞感知味道。❸經味覺神經將味覺訊息傳送至大腦。

鼻子的內部構造

鼻內有3個空氣通道。空氣進入鼻道後，由鼻道負責調節空氣的溫度和濕度，達到最適溫度25〜37℃、最適濕度35〜80%後才送進肺臟。

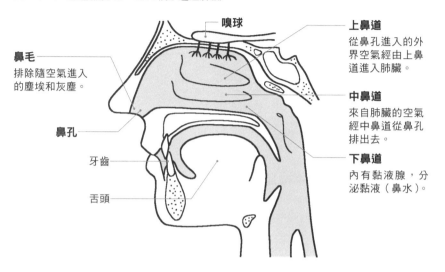

嗅球

上鼻道
從鼻孔進入的外界空氣經由上鼻道進入肺臟。

鼻毛
排除隨空氣進入的塵埃和灰塵。

中鼻道
來自肺臟的空氣經中鼻道從鼻孔排出去。

鼻孔

下鼻道
內有黏液腺，分泌黏液（鼻水）。

牙齒

舌頭

舌頭不同部位對各種味道的敏感度不一樣

舌頭表面有許多小突起（乳頭），內有感知味道的味蕾。
依舌頭部位的不同，容易感知的味道也不同。

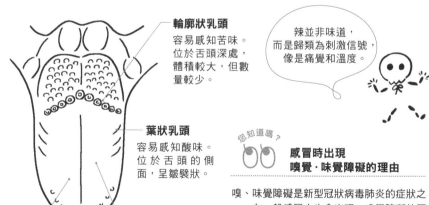

輪廓狀乳頭
容易感知苦味。位於舌頭深處，體積較大，但數量較少。

葉狀乳頭
容易感知酸味。位於舌頭的側面，呈皺襞狀。

蕈狀乳頭
容易感知甜味。位於舌頭中央，呈紅色。數量比絲狀乳頭少，隨著成年而逐漸減少。

絲狀乳頭
容易感知鹹味。廣泛分布於舌頭中央，略呈白色。體積很小，但數量最多。

辣並非味道，而是歸類為刺激信號，像是痛覺和溫度。

悠知道嗎？
感冒時出現嗅覺・味覺障礙的理由

嗅、味覺障礙是新型冠狀病毒肺炎的症狀之一，在一般感冒中也會出現。嗅覺障礙的原因是鼻塞或病毒造成鼻內黏膜發炎，使嗅覺敏感度變差。而味覺與嗅覺密不可分，嗅覺變差後容易引起味覺障礙。

Man &
Woman

男女有別的生殖器官構造

生殖器官是男女性之間最大的器官差異

為了孕育新生命，生殖器官對眾多生物來說是非常重要且不可欠缺的，也是男女之間差異最大的器官。如大家所見，男女性的生殖構造與功能有著顯著的差異。

男性的生殖器官主要由陰囊和陰莖構成，多半位於身體外側。陰囊負責製造精子和分泌男性荷爾蒙。陰莖則具有排尿和射出精液二種功能。女性的生殖器官以子宮和卵巢為中心，全都位於骨盆腔內。子宮是孕育新生兒的場所，卵巢具有製造卵子、分泌女性荷爾蒙的功能。

🔬 男女有別的身體特徵

男女性在身體上的差異如下所示。除了生殖器官的不同是與生俱來外，其他部位於第二性徵期（青春期）逐漸發育。

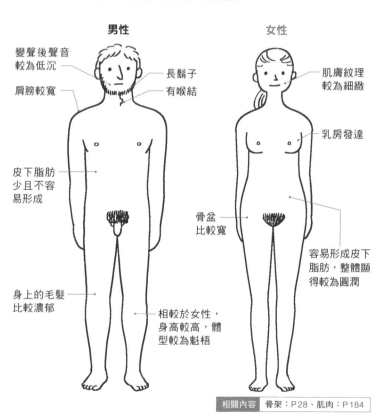

男性

- 變聲後聲音較為低沉
- 長鬍子
- 有喉結
- 肩膀較寬
- 皮下脂肪少且不容易形成
- 身上的毛髮比較濃郁
- 相較於女性，身高較高，體型較為魁梧

女性

- 肌膚紋理較為細緻
- 乳房發達
- 骨盆比較寬
- 容易形成皮下脂肪，整體顯得較為圓潤

相關內容　骨架：P.28、肌肉：P.184

96

男性的生殖器官構造

男性的睪丸之所以暴露在外，主要是因為精子不耐熱，睪丸的溫度過高時不容易製造精子，因此必須露在身體外來降溫。

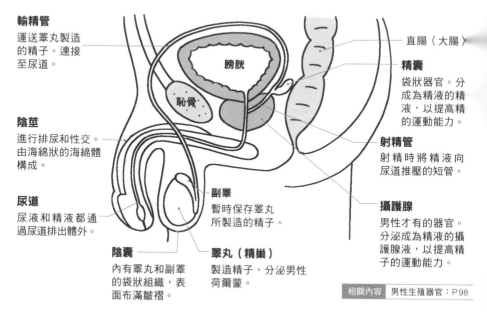

輸精管

運送睪丸製造的精子。連接至尿道。

直腸（大腸）

膀胱

精囊

袋狀器官。分成為精液的精液，以提高精的運動能力。

恥骨

陰莖

進行排尿和性交。由海綿狀的海綿體構成。

射精管

射精時將精液向尿道推壓的短管。

尿道

尿液和精液都通過尿道排出體外。

副睪

暫時保存睪丸所製造的精子。

攝護腺

男性才有的器官。分泌成為精液的攝護腺液，以提高精子的運動能力。

陰囊

內有睪丸和副睪的袋狀組織，表面布滿皺褶。

睪丸（精巢）

製造精子、分泌男性荷爾蒙。

相關內容　男性生殖器官：P98

女性的生殖器官構造

女性生殖器官絕大多數位在身體內部的骨盆腔裡。不同於男性，女性的尿道不具生殖功能。

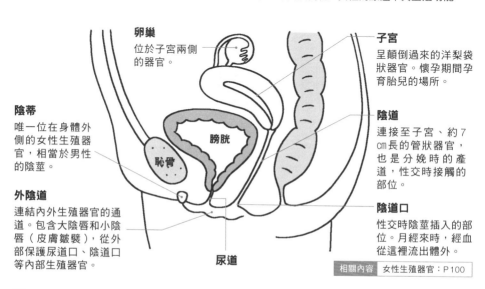

卵巢

位於子宮兩側的器官。

子宮

呈顛倒過來的洋梨袋狀器官。懷孕期間孕育胎兒的場所。

陰蒂

唯一位在身體外側的女性生殖器官，相當於男性的陰莖。

膀胱

恥骨

陰道

連接至子宮、約7cm長的管狀器官，也是分娩時的產道，性交時接觸的部位。

外陰道

連結內外生殖器官的通道。包含大陰唇和小陰唇（皮膚皺襞），從外部保護尿道口、陰道口等內部生殖器官。

尿道

陰道口

性交時陰莖插入的部位。月經來時，經血從這裡流出體外。

相關內容　女性生殖器官：P100

每天都在製造精子

製造精子 並於性交時射精

男性在孕育下一代時所扮演的角色是射出精子讓女性受孕。製造精子的是位於陰囊裡的睪丸。

精子長度約0‧05毫米，是人體最小的細胞；形狀像是蝌蚪，頭部內有細胞核。睪丸要在低於體溫的環境下才能製造精子，因此位於身體外側。將精子排放至體外的射精動作因性興奮和陰莖受到刺激時發生。精子被送往輸精管，與精囊液、攝護腺液混合成精液，短暫停留在攝護腺一帶。當性興奮增強時，射精反射促使精囊和尿道收縮，從而引起射精動作。

 ## 睪丸製造精子

睪丸每天製造數千萬～1億個以上的新生精子。

3 從輸精管至輸尿管
成熟的精子通過輸精管，與精囊、攝護腺的分泌液混合成精液。

●睪丸剖面

輸精管

輸出小管

睪丸網

曲細精管

約0‧05毫米

1 睪丸製造精子
男性有2個睪丸，睪丸內有大約1000根長約1m的曲細精管，這裡是製造精子的場所，製造完成後往睪丸網移動。

2 精子 保存於副睪
精子通過輸出小管到副睪儲存至成熟，約10～20天。

●精子的構造

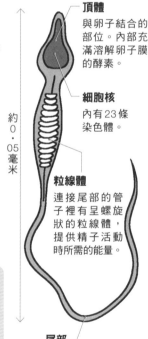

頂體
與卵子結合的部位。內部充滿溶解卵子膜的酵素。

細胞核
內有23條染色體。

粒線體
連接尾部的管子裡有呈螺旋狀的粒線體，提供精子活動時所需的能量。

尾部
方便精子在精液中移動的鞭毛。

射精的原理

睪丸製造的精子在通過輸精管過程中逐漸成熟，並且於形成精液後射出體外。精子從生成成為具有受精功能的生殖細胞，大概需要70天。

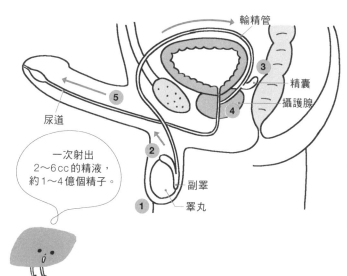

1 睪丸製造精子。

2 精子儲存於副睪中並靜待成熟。

3 通過輸精管至精囊，同精囊分泌的精囊液混合成精液，精子進一步成熟。

4 精液再混合攝護腺分泌的攝護腺液，精子儲蓄能量。

5 達到性興奮時，攝護腺肌肉受到刺激，將精液和精子推送至輸尿管、尿道口。

每3名男性中有1人深受ED（勃起功能障礙）所苦

近年來，深受ED所苦的男性愈來愈多。ED是指無法達到或維持足夠勃起硬度以進行滿意的性行為。根據2019年的調查結果，含中度在內，40歲以上的男性中每5人就有1人，20～30歲的男性中每7人就有1人深受ED所苦。

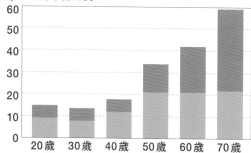

（％）**ED的年紀比例**

　中度ED：偶爾進行性行為時能夠充分勃起，也能夠維持。
　重度RD：每次進行性行為時都無法勃起，或者完全無法維持。

出處：浜松町第一診所竹越昭彥院長施行的ED現況調查2019。

相關內容　ED：P137

● **ED的原因**

心因性（多發生於30～40歲男性）
工作、夫婦關係等日常生活中的壓力，或者精神壓力造成。性興奮無法順利經由神經傳導至大腦，因此容易發生ED。

器質性（多發生於50歲男性）
與動脈硬化、慢性病、部分泌尿科疾病等內臟器官功能障礙有關。因血液循環變差而容易發生ED。

※其他，兩種原因皆有，或者受到藥物的影響。

反覆為懷孕做準備的女性身體

每個月為懷孕做準備，結束後變成月經

女性身體具有將受精卵培育成胎兒的機制。約28天為一個週期的月經也是這個機制的一環，而排卵則與2種女性荷爾蒙（雌激素和黃體素）有著密不可分的關係。月經結束至排卵的這段期間，雌激素分泌增加，子宮內膜為了迎接受精卵而逐漸增厚。排卵後黃體素分泌增加，子宮內膜變得更厚，完美打造一個適合懷孕的環境。在這之後，如果沒有成功受精，黃體素會急速減少，沒有用處的子宮內膜也會隨之剝落，形成我們一般所說的月經。

月經週期

月經週期的算法是以月經開始日為第1天，月經結束後濾泡生長至成熟的期間稱為「濾泡期」，成熟後排卵稱為「排卵期」，排卵後至濾泡退化稱為「黃體期」，大致分為4個時期。

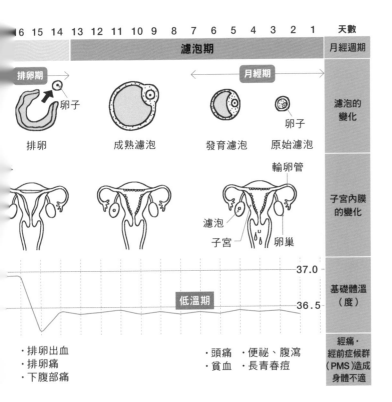

天數	月經週期
濾泡期	
排卵期 / 月經期	濾泡的變化
排卵　成熟濾泡　發育濾泡　原始濾泡 卵子　卵子	
輸卵管 濾泡 子宮 卵巢	子宮內膜的變化
37.0 低溫期 36.5	基礎體溫（度）
・排卵出血 ・排卵痛 ・下腹部痛　・頭痛 ・便秘、腹瀉 ・貧血 ・長青春痘	經痛・經前症候群（PMS）造成身體不適

女性的內生殖器官

骨盆腔中的內生殖器包含卵巢、輸卵管、子宮、陰道。一般而言,由左右兩側的卵巢交替排卵,但也可能持續由單側排卵。

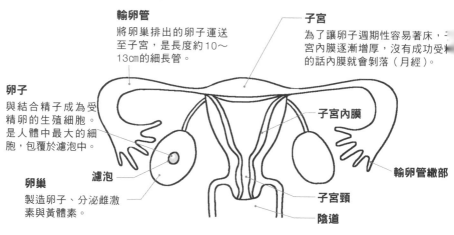

輸卵管
將卵巢排出的卵子運送至子宮,是長度約10～13cm的細長管。

子宮
為了讓卵子週期性容易著床,子宮內膜逐漸增厚,沒有成功受精的話內膜就會剝落(月經)。

卵子
與結合精子成為受精卵的生殖細胞。是人體中最大的細胞,包覆於濾泡中。

濾泡

卵巢
製造卵子、分泌雌激素與黃體素。

子宮內膜

輸卵管繖部

子宮頸

陰道

何謂基礎體溫
早上一起床,在尚未吃早餐或進行運動等活動之前,體溫還沒有產生任何變化的狀態下所測得的體溫。以排卵期為界線,分為高溫期和低溫期,每天記錄基礎體溫有助於確實掌握月經週期,進而推估生理期和排卵日。

4	3	2	1	28	27	26	25	24	23	22	21	20	19	18	17
濾泡期				黃體期											

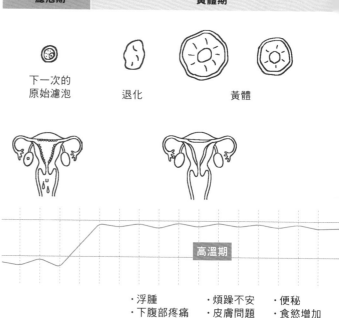

下一次的原始濾泡

退化

黃體

高溫期

不舒服的症狀並非每個月都相同,也存在個人差異。

· 浮腫　　· 煩躁不安　· 便秘
· 下腹部疼痛　· 皮膚問題　· 食慾增加
· 嗜睡　　· 乳房腫痛　· 憂鬱

相關內容　月經:P102、P215

多數女性月經來時會感到不舒服

經痛是指月經來時的不舒服感覺，而經前症候群（PMS）則是指月經來的3～10天前表現於身體和心理上的不適症狀。不少女性會強忍不舒服的感覺，但可能因此忽略引發疼痛和不適症狀的子宮肌瘤或子宮腺肌症等問題。除此之外，放任不適感覺而不加以適時進行治療，恐容易演變成子宮內膜異位症等疾病。

多數月經問題來自女性荷爾蒙分泌不均衡或荷爾蒙失調，而壓力或過度減重等也可能是引發月經問題的導火線。

月經來時，多數女性會感到不舒服

根據研究結果顯示，20～30歲的女性之中，多數人都有經痛或經前症候群（PMS）等月經問題。

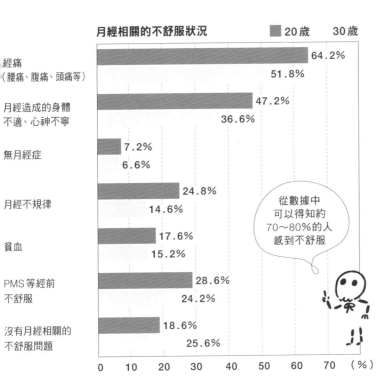

月經相關的不舒服狀況　　■ 20歲　　30歲

	20歲	30歲
經痛（腰痛、腹痛、頭痛等）	64.2%	51.8%
月經造成的身體不適、心神不寧	47.2%	36.6%
無月經症	7.2%	6.6%
月經不規律	24.8%	14.6%
貧血	17.6%	15.2%
PMS等經前不舒服	28.6%	24.2%
沒有月經相關的不舒服問題	18.6%	25.6%

從數據中可以得知約70～80%的人感到不舒服

0　10　20　30　40　50　60　70（%）

出處：內閣府男女共同參画局「男女健康意識相關調查」（2018年）

月經異常的種類

月經週期、天數、出血量不正常等稱為月經異常。而月經異常或許是荷爾蒙、卵巢、子宮等問題的警訊，長時間置之不理是非常危險的。

【月經量異常】

月經量過多・月經量過少

經血量有個人差異，不容易與他人比較，所以相對難以察覺。但是，若每30分鐘必須更換一次衛生棉，代表「月經量過多」；若接連好幾天僅是內褲沾有少量血液，則代表「月經量過少」。

【月經週期異常】

月經次數過多・寡經

月經週期25～38天屬正常範圍。週期並非每次固定不變，提早或延後6天左右都沒有問題。假設週期短於正常範圍，稱為「月經次數過多」，超過正常範圍則稱為「寡經」。若不適時處理寡經問題，可能演變成無月經。

【異常疼痛】

生理痛（經痛）

月經期間生理痛，疼痛到吃市售止痛藥也無法改善，或者非得臥床休息，不舒服症狀嚴重影響日常生活的狀態。這種情況容易發生在20～30歲左右。

【月經天數異常】

經期過長・經期過短

月經的天數3～7天皆屬正常範圍。持續8天以上稱為「經期過長」，出血時間過長，可能演變成貧血。經期在2天內結束稱為「經期過短」，多半會伴隨月經量過少的問題。

【沒有月經】

無月經

超過90天以上沒有月經，稱為「無月經」。懷孕或哺乳中沒有月經是正常現象，除了這2種情況以外，持續無月經恐演變成早發性停經，罹患骨質疏鬆症或血管疾病的風險也會隨之提高。

【排卵異常】

無排卵月經

沒有排卵的狀態稱為「無排卵月經」。由於和一般月經一樣有出血現象，因此不容易察覺，但多半會同時出現週期不規律和不正常出血的現象。若不及時治療，恐容易增加骨質疏鬆症和子宮體癌的發病風險。

經前症候群（PMS）的主要症狀

經前症候群會出現各種症狀，而且症狀強度因人而異，大約只有5%的人會出現影響日常生活的嚴重PMS。另一方面，若是心理情緒方面的不適，則可能是經前不悅症（PMDD）。

- 下腹部疼痛
- 頭痛
- 腰痛
- 水腫
- 腹部緊繃
- 乳房腫脹
- 皮膚狀況差
- 體重增加
- 臉潮紅
- 食慾增加、吃過量
- 眩暈
- 倦怠感
- 情緒不穩定
- 焦躁不安
- 情緒低落
- 焦慮
- 愛哭
- 想睡
- 注意力不集中
- 有氣無力
- 睡眠障礙
- 等

●月經異常和經前症候群（PMS）的原因

荷爾蒙紊亂失調

月經受到女性荷爾蒙（雌激素、黃體素）的支配，當其中一種荷爾蒙分泌失調，就容易引起月經異常。這可能是過度快速減重、壓力、過度運動、抽菸、睡眠不足和生活不規律等造成。

生殖器官或甲狀腺疾病

潛藏的子宮內膜異位症、子宮肌瘤，或者多囊性卵巢症候群等生殖器官疾病、甲狀腺異常都可能導致荷爾蒙分泌不正常。

胎兒從母體獲取營養並逐漸成長

卵巢排出的卵子經輸卵管前往子宮，路途中遇到從陰道進入的精子，彼此結合形成受精卵。受精卵從輸卵管移動至子宮的途中持續進行細胞分裂，最終落腳於子宮內膜上，落腳處則發展成胎盤。胎兒透過胎盤從母體獲取營養並逐漸發育成長，受精後第8週形成全身骨骼和腦，超過30週後，基本上已經形成完整人體。

大約這個時候，母體的子宮膨脹至30～35公分大小，幾乎快頂到胸口部位。因荷爾蒙分泌產生變化，可能出現孕吐等不適症狀。

從受精到著床

精子和卵子相遇，受精就算完成。受精卵進入子宮內膜落腳，稱為「著床」，從受精到著床大概需要1週的時間。

> 精子可以在女性體內平均存活3天。

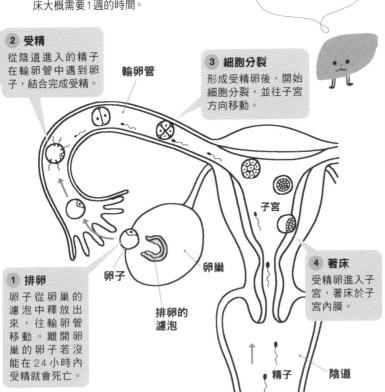

2 受精
從陰道進入的精子在輸卵管中遇到卵子，結合完成受精。

輸卵管

3 細胞分裂
形成受精卵後，開始細胞分裂，並往子宮方向移動。

子宮

4 著床
受精卵進入子宮，著床於子宮內膜。

卵子

卵巢

1 排卵
卵子從卵巢的濾泡中釋放出來，往輸卵管移動。離開卵巢的卵子若沒能在24小時內受精就會死亡。

排卵的濾泡

精子

陰道

胎兒的成長

著床後的受精卵逐漸成長，大概4個月左右會在子宮內形成胎盤。
胎兒透過胎盤從母體獲取營養和氧氣，藉此慢慢成長。

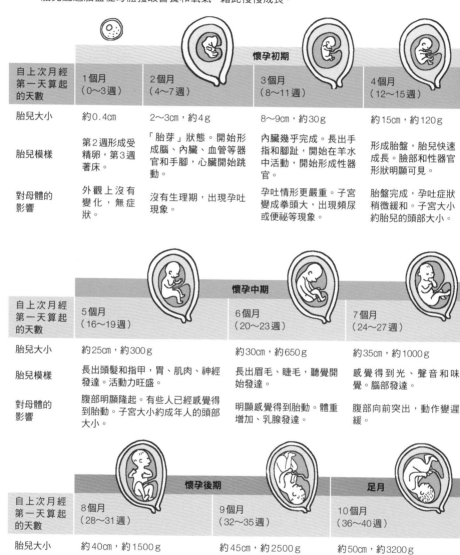

		懷孕初期		
自上次月經第一天算起的天數	1個月（0～3週）	2個月（4～7週）	3個月（8～11週）	4個月（12～15週）
胎兒大小	約0.4cm	2～3cm，約4g	8～9cm，約30g	約15cm，約120g
胎兒模樣	第2週形成受精卵，第3週著床。	「胎芽」狀態。開始形成腦、內臟、血管等器官和手腳，心臟開始跳動。	內臟幾乎完成。長出手指和腳趾，開始在羊水中活動，開始形成性器官。	形成胎盤，胎兒快速成長。臉部和性器官形狀明顯可見。
對母體的影響	外觀上沒有變化，無症狀。	沒有生理期，出現孕吐現象。	孕吐情形更嚴重。子宮變成拳頭大，出現頻尿或便祕等現象。	胎盤完成，孕吐症狀稍微緩和。子宮大小約胎兒的頭部大小。

		懷孕中期	
自上次月經第一天算起的天數	5個月（16～19週）	6個月（20～23週）	7個月（24～27週）
胎兒大小	約25cm，約300g	約30cm，約650g	約35cm，約1000g
胎兒模樣	長出頭髮和指甲，胃、肌肉、神經發達。活動力旺盛。	長出眉毛、睫毛，聽覺開始發達。	感覺得到光、聲音和味覺。腦部發達。
對母體的影響	腹部明顯隆起。有些人已經感覺得到胎動。子宮大小約成年人的頭部大小。	明顯感覺得到胎動。體重增加、乳腺發達。	腹部向前突出，動作變遲緩。

		懷孕後期	足月
自上次月經第一天算起的天數	8個月（28～31週）	9個月（32～35週）	10個月（36～40週）
胎兒大小	約40cm，約1500g	約45cm，約2500g	約50cm，約3200g
胎兒模樣	完成肌肉、骨骼、內臟。能夠分辨聲音。	皮下脂肪增加，幾乎所有器官都完成了。	髮量增加，指甲變長。活動力下降。
對母體的影響	腹部和乳房開始出現妊娠中線。乳暈變黑變大。胎兒變重、肺部受到壓迫而容易喘不過氣。	腹部緊繃的次數增加。分泌物變多，頻尿且有餘尿感。	分泌物變得更多。胎兒下降，不再感到胃和肺受到壓迫，恢復食慾，呼吸也變得順暢。持續有頻尿和漏尿問題。

分娩從每隔10分鐘的陣痛開始

分娩過程分為三個階段。首先是每隔10分鐘的陣痛，腹部反覆緊繃與放鬆，在子宮和陰道之間的子宮頸全開之前稱為第一期。也稱為準備階段，初次生產的產婦可能持續10～15小時。從配合陣痛憋氣用力到胎兒娩出是分娩的第二期。這時候胎兒配合母體的骨盆和產道形狀，邊旋轉身體邊順著產道下降。胎兒娩出後，大約5～20分再次出現輕微陣痛，憋氣用力即可將胎盤逼出產道外，這個階段稱為分娩第三期。

從陣痛到娩出的流程

分娩分為三個階段，從陣痛到子宮頸全開為第一期，到胎兒娩出為第二期，胎盤落下並娩出為第三期。初次生產的孕婦在整個分娩過程平均費時14個小時，但也有孕婦需要2天以上。

分娩第一期（初次生產10～15小時，第2胎之後4～6小時）

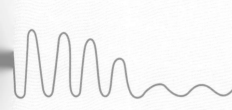

			陣痛波
間隔2～3分鐘	間隔3～7分鐘	間隔8～10分鐘	陣痛間隔
子宮頸張開約7cm	子宮頸張開約3cm		子宮頸直徑

			胎兒情況
身體朝向母體背側，然後開始往下降。	捲曲身體慢慢進入骨盆中。邊旋轉身體的方向邊下降至子宮頸。		
破水。	陣痛間隔時間變短。	疼痛宛如劇烈經痛。	母體情況

分娩的種類

胎兒離開母體子宮的過程稱為「分娩」,近年來醫療技術發達,分娩不再只有單一方式,但原則上大致分為以下2種。

剖腹產

以手術方式切開子宮,直接取出胎兒。常用於胎位不正或生較多胎而不適合陰道分娩的情況。於全身或半身麻醉下進行。

陰道分娩

經母體產道即陰道產下胎兒的方式。除了靜待陣痛發生後的「自然產」,還有施打麻醉藥物減緩疼痛的「無痛分娩」等方式。

生產以母體和胎兒的性命安全為第一優先考量!有可能於即將生產之際改變分娩方式。

您知道嗎?

95%的胎兒於分娩前會胎位回正

胎位不正是指胎頭位於子宮頸反方向(頭在上)的狀態。懷孕中期之前,約40%的胎兒有胎位不正的問題,進入後期,胎兒會慢慢旋轉讓胎頭朝向子宮頸,最遲於36週時,約有95%的胎兒會自然轉正。但即便胎位沒有回正,也絕對不要因此而感到不安。

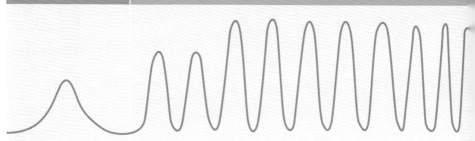

分娩第三期(10~30分鐘)	分娩第二期(初次生產1~2小時,第2胎之後30分鐘~1小時)

輕微陣痛

間隔1分鐘

子宮頸張開約10cm(最大)

胎兒全身娩出後,剪斷臍帶。

胎兒娩出後,胎盤自子宮壁剝落並娩出。

胎兒身體打橫,單側肩膀先滑出子宮外。

胎兒仰頭,露出顏面。

胎頭通過骨盆後,抬起下巴。

配合陣痛波,陣痛變強烈時憋氣用力。

生產後分泌乳汁的神奇乳房

於生產後啟動的2種母乳荷爾蒙

女性體內的荷爾蒙於生產後產生巨大變化。其中改變最為明顯的是生成、分泌母乳的泌乳素和催產素。

女性懷孕後開始分泌作用於乳腺發達和生成母乳的泌乳素。泌乳素於分娩且胎盤娩出後開始大量分泌，作用於製造乳汁。另一方面，嬰兒吸吮母親乳頭的刺激傳送至大腦，進一步促使分泌催產素。催產素的功用在於刺激乳腺以排出母乳。亦即透過嬰兒吸吮乳頭，有助於分泌更多母乳。

分泌母乳機制

懷裡抱著嬰兒的疼愛之情會刺激大腦並進一步促使腦下垂體分泌催產素，當乳腺受到刺激，就會促進排出母乳。

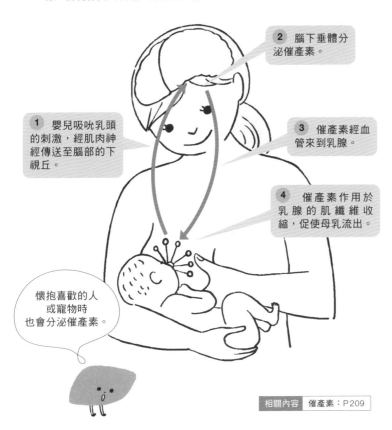

2 腦下垂體分泌催產素。

1 嬰兒吸吮乳頭的刺激，經肌肉神經傳送至腦部的下視丘。

3 催產素經血管來到乳腺。

4 催產素作用於乳腺的肌纖維收縮，促使母乳流出。

懷抱喜歡的人或寵物時也會分泌催產素。

相關內容　催產素：P 209

乳房的構造

乳房幾乎由脂肪構成。乳小葉製造的乳汁經輸乳管暫時貯存在輸乳竇，
在嬰兒吸吮的刺激下從乳頭分泌出來。

您知道嗎?

**沒將母乳排出
是件很危險的事!**

母乳分泌量多、嬰兒不願意喝等
因素會讓母乳殘留在體內，使輸
乳管阻塞而引起乳腺炎。乳腺炎
是乳腺發炎的疾病，哺乳的女性
中約有20～30%患有乳腺炎。

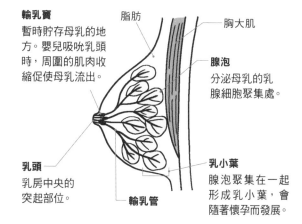

輸乳竇
暫時貯存母乳的地
方。嬰兒吸吮乳頭
時，周圍的肌肉收
縮促使母乳流出。

脂肪

胸大肌

腺泡
分泌母乳的乳
腺細胞聚集處。

乳頭
乳房中央的
突起部位。

輸乳管

乳小葉
腺泡聚集在一起
形成乳小葉，會
隨著懷孕而發展。

懷孕後乳房變大

懷孕後，為了日後的哺乳做準備，乳房會開始變大。泌乳素增加使乳小葉發育。
而荷爾蒙的分泌量於產後產生劇烈變化，可能因此引發身體的不適。

懷孕初期

↓

懷孕後期

進入懷孕後期，
乳小葉開始增加。

從懷孕到產後的荷爾蒙變化

泌乳素

黃體素

雌激素
（動情素）

哺乳 哺乳

0　10　20　30　40
妊娠週

哺乳期間分泌
泌乳素，作用
於乳腺以製造
母乳。

產後泌乳素會抑制女
性荷爾蒙的分泌。這
也是沒有月經的原因。

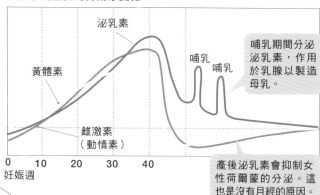

親餵母乳的情況下，
月經將於5～6個月後
再次造訪。
使用配方奶粉的情況，
則是2～3個月後。

●荷爾蒙變化造成的其他影響

・掉髮　　　　　　・痔瘡　　　・漏尿　　　　　・焦躁不安

・腱鞘炎、關節痛　・水腫　　　・皮膚狀況差　　・焦慮

・便祕　　　　　　・腰痛　　　・情緒不穩定　　・食慾增加　　等

Man & Woman

成長期與更年期的男女性差異全來自荷爾蒙

性激素的分泌減少造成男女性身體的變化

第二性徵期（青春期）依性別分泌不同性激素，男女性身體開始出現差異。男性的身體抽高、肌肉變結實、陰囊膨脹、長出陰毛等。而女性則是乳房發達、長出陰毛等。另一方面，性激素減少也會導致男女有別，最具代表性的差異是40歲過後的更年期障礙。

女性荷爾蒙（雌激素）分泌量驟減引發女性諸多不適症狀。雖然男性同樣因為男性荷爾蒙（睪固酮）分泌量減少而引起更年期障礙，但發生時期不同於女性。

男女身高差異出現在青春期

男性身高普遍較高是因為生長激素大量分泌的時期（青春期）和女性不一樣所致。一般而言，青春期來得愈晚，生長激素愈容易作用於骨骼成長，因此男性普遍高於女性。

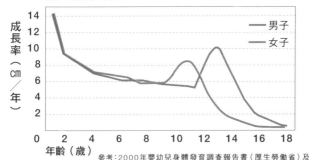

男女性身高變化

成長率（cm／年）

年齡（歲）

參考：2000年嬰幼兒身體發育調查報告書（厚生勞働省）及2000年度學校保健統計調查報告書（文部科學省）

0～8歲
男女生的身高沒有差異。

8～10歲
女生進入青春期，女生身高略高於男生。

12～15歲
男生進入青春期，男生平均身高開始追過女生。

成人
男性身高普遍高於女性。

男女性的更年期障礙差異

更年期的不適症狀因性激素分泌量不同而引起,男女性都可能發生。女性的症狀通常始於停經前後,大約10年左右逐漸緩解。相較於此,男性更年期則沒有明確的起點與終點。至於身心方面的症狀,男女性之間沒有太大差異。

 近年來男性更年期障礙個案有逐漸增加的趨勢

普遍認為更年期障礙只發生在女性身上,近年來,有愈來愈多的男性也出現了同樣的問題,醫學上稱為LOH症候群(老年男性雄性激素缺乏症候群)。好發於40歲過後,尤其常見於容易累積壓力的男性管理職人員。

	男性	女性
原因	睪固酮分泌減少	雌激素分泌減少
發病時期和特徵	40歲過後症狀逐漸出現,持續時間長,也可能發生在60~70歲。容易受到環境因素的影響,症狀程度因人而異。	突然開始出現症狀。從停經前後開始,約10年後症狀逐漸緩解。症狀程度因人而異。
主要精神症狀	·情緒低落 ·焦躁不安 ·沮喪	·焦慮 ·記憶力和注意力衰退 ·情緒不穩定
主要身體症狀	·發麻 ·手腳冰冷 ·頭痛 ·暈眩	·流汗、燥熱、臉潮紅 ·心悸 ·肩頸僵硬、腰痛 ·疲勞
主要性功能相關症狀	·性慾減退 ·ED(勃起功能障礙)	沒有特別症狀

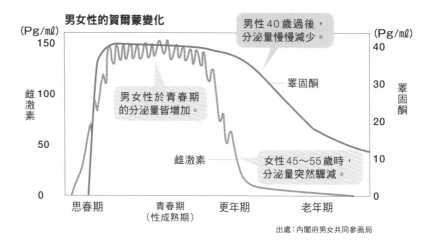

男女性的賀爾蒙變化

男性40歲過後,分泌量慢慢減少。

男女性於青春期的分泌量皆增加。

睪固酮

雌激素

女性45~55歲時,分泌量突然驟減。

(Pg/㎖) 雌激素 150 100 50 0

(Pg/㎖) 睪固酮 40 30 20 10 0

思春期　青春期(性成熟期)　更年期　老年期

出處:內閣府男女共同參畫局

相關內容 雌激素・睪固酮:P209

決定性別、掌握遺傳關鍵的染色體

生物特徵
經親代遺傳給子代

遺傳是指親代將生物特徵傳承給子代。容貌、體格、容易罹患的疾病等遺傳訊息全部儲存於基因中，而基因的主要載體存在於體細胞細胞核中的46條染色體。染色體由儲存遺傳訊息的DNA（去氧核糖核酸）纏繞形成，DNA裡有基因，單一染色體上排列的基因數多達數千個。

人類的基因組成（鹼基序列）絕大部分相同，但大約只有0.1％的部分因人而異，這也造就了專屬於每個人的獨自特徵。

組成染色體的 DNA 構造

染色體由雙股螺旋結構的DNA纏繞形成，解開後變成一條細長線。DNA由4種鹼基組成，並且透過線性排列組合來表達基因。

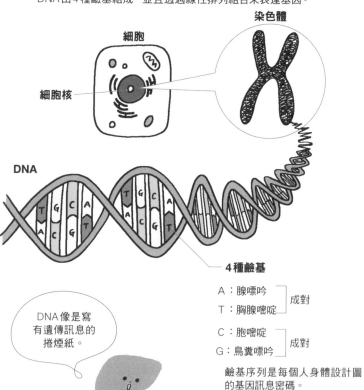

染色體

細胞

細胞核

DNA

4種鹼基

A：腺嘌呤
T：胸腺嘧啶　成對

C：胞嘧啶
G：鳥糞嘌呤　成對

鹼基序列是每個人身體設計圖的基因訊息密碼。

DNA像是寫有遺傳訊息的捲煙紙。

性別與遺傳機制

人類擁有23對（46條）染色體，從父親和母親各自傳接繼承23條。遺傳訊息中帶有性別相關訊息的染色體稱為性染色體。性染色體有X和Y兩種，最終男女生殖器官取決於最後一對的組合是XX或XY。

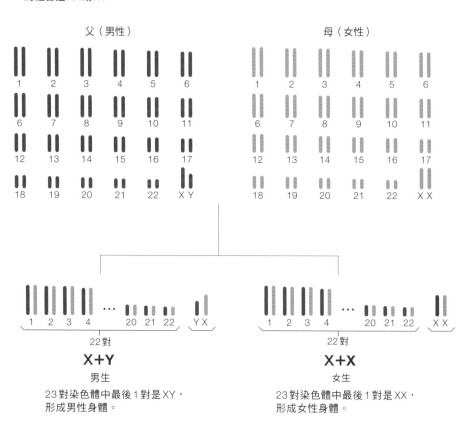

父（男性）

| | | | | | |
|1|2|3|4|5|6|

6　7　8　9　10　11

12　13　14　15　16　17

18　19　20　21　22　X Y

母（女性）

1　2　3　4　5　6

6　7　8　9　10　11

12　13　14　15　16　17

18　19　20　21　22　X X

1　2　3　4　……　20　21　22　Y X

22對

X+Y

男生

23對染色體中最後1對是XY，
形成男性身體。

1　2　3　4　……　20　21　22　X X

22對

X+X

女生

23對染色體中最後1對是XX，
形成女性身體。

 您知道嗎？

 **在某種程度上能夠決定
出生嬰兒的性別**

嬰兒的性別在受精時就已經決定，XY即為男寶寶，XX即為女寶寶。X染色體耐酸性，Y染色體耐鹼性。學者認為只要將平時呈強酸性狀態的女性陰道在排卵日那天改變為鹼性，就有可能在某種程度上決定出生嬰兒的性別。

日本的男女嬰
比例大約維持
在105：100

※戰後至今的厚生勞動
　省調查數據。

除了容貌與體格，疾病也會遺傳

無論任何人，容貌、體格等各部分都可能與父母其中一方很相似，這是來自父母的遺傳，而血型也是一種繼承自父母血型的基因型。父親和母親的遺傳訊息不同時，某一方的性狀會比較容易表現出來，而容易表現出來的性狀稱為顯性遺傳，不容易表現出來的性狀稱為隱性遺傳。除此之外，子代可能因為繼承父母的缺陷基因而罹患疾病，也可能繼承容易罹患疾病的體質。舉例來說，假設父母有癌症、心臟疾病、慢性病等，子女罹患這些疾病的風險也隨之提升。

從血型來看基因組合

血型取決於紅血球的醣蛋白類型。子女從父母雙方各繼承一種基因，因此父母的血型會決定子女的血型。

●父親和母親皆為A型（A‧O），子女可能出現的血液組合

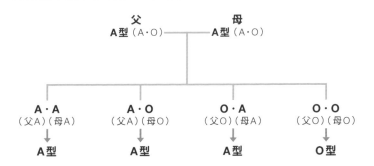

●血型基因遺傳組合模式

母 ＼ 父	A型	B型	O型	AB型
A型	A、O	A、B、O、AB	A、O	A、B、AB
B型	A、B、O、AB	B、O	B、O	A、B、AB
O型	A、O	B、O	O	A、B
AB型	A、B、AB	A、B、AB	A、B	A、B、AB

就算父母皆為A型，也可能生出O型子女。

容易遺傳的特徵

遺傳訊息各別來自父母雙方，出現遺傳訊息對立時，某一方的性狀會比較容易表現出來。
接下來為大家介紹部分相對容易遺傳的性狀。

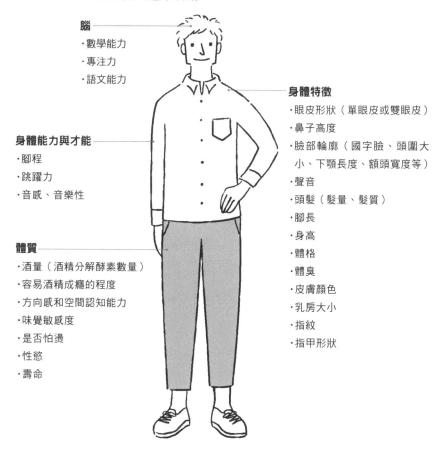

腦
・數學能力
・專注力
・語文能力

身體特徵
・眼皮形狀（單眼皮或雙眼皮）
・鼻子高度
・臉部輪廓（國字臉、頭圍大小、下顎長度、額頭寬度等）
・聲音
・頭髮（髮量、髮質）
・腳長
・身高
・體格
・體臭
・皮膚顏色
・乳房大小
・指紋
・指甲形狀

身體能力與才能
・腳程
・跳躍力
・音感、音樂性

體質
・酒量（酒精分解酵素數量）
・容易酒精成癮的程度
・方向感和空間認知能力
・味覺敏感度
・是否怕燙
・性慾
・壽命

早期接受適當治療的基因檢測

由於親代會將容易罹患疾病的體質遺傳給子代，近年來利用性狀的基因醫療研究有了大幅度
進展，舉例來說，透過「腫瘤基因檢測（cancer multi-gene panel testing）」取得基因訊息
並進行分析，有助於進一步早期提供適當治療。

基因檢測

從癌細胞或血液中取得基因訊息。

A 類型的基因，提供**治療藥物 A**

B 類型的基因，提供**治療藥物 B**

C 類型的基因，提供**治療藥物 C**

隨年齡增長的老化與生命終點

細胞汰舊換新的功能衰退導致老化

人類成長發育，進入成熟期後，身體功能開始自然衰退，這個過程稱為老化。

構成人體的細胞大約60兆個，這些細胞進行汰舊換新的新陳代謝循環以維持生命。然而汰舊換新的過程中，製造新細胞時難免發生失敗。失敗次數隨著年齡增長而逐漸增加，進而導致身體功能惡化或喪失等老化現象。基於這個緣故，邁入高齡後，身體容易感到不適，也容易罹患疾病，最終迎來生命的終點。一般而言，老化大約始於40歲左右，而老化速度因人而異。

導致老化的原因

老化主要與下列4種因素有關，但老化機轉至今尚不明確。

老化細胞增加

製造新細胞的功能隨著年齡增長而衰退，細胞一旦無法汰舊換新，身體各組織的老舊細胞比例將逐漸上升，導致身體功能衰退。

活性氧化物造成氧化

體內製造能量時產生活性氧化物，造成細胞結構受損或身體生鏽。雖然人類體內備有酵素能將活性氧化物無害化，但酵素會隨著年齡增長而減少。

蛋白質糖化

蛋白質和多餘的醣類結合（糖化）致使蛋白質劣化變性，進一步產生促進老化的AGEs（糖化終產物）物質，加速組織和內臟老化。

荷爾蒙分泌產生變化

隨著年齡增長，負責維持身體功能的生長激素和性激素分泌逐漸減少。再加上各組織對荷爾蒙的反應能力下降，終致身體功能逐漸衰退。

您知道嗎?

人類壽命最長到120歲!?

截至2021年，日本人的平均壽命為男性81.47歲，女性87.57歲。日本人的平均壽命有逐年延長的趨勢，但這並不代表人類能夠永生不死。人類從疾病或受傷中恢復原狀的能力有限，大概在120歲左右，這種恢復力將完全喪失。

根據金氏世界紀錄，目前全世界最長壽的人瑞已經118歲了！

※ 2022年10月最新資料

隨著年齡增長的身體功能變化

全身功能隨著年齡增長而逐漸衰退。雖然不同體質有不同情況，但透過飲食、運動、生活習慣等能夠減緩老化速度。

運動功能的變化

· 平衡感變差

· 心肺功能、耐力下降

· 柔軟度、關節活動度下降

· 腦神經變遲鈍、動作變得不靈敏

· 走路速度變慢、步長變小

· 全身肌力低下

· 咀嚼力和吞嚥能力變差

感覺功能的變化

· 老花眼、色覺變差、視野變狹窄

· 音域高的聲音聽不清楚

· 味覺和嗅覺變遲鈍

· 溫度和痛覺等皮膚感覺敏銳度衰弱

體內器官的變化

· 骨質密度降低

· 消化吸收功能下降

· 免疫力下降

· 酒精代謝能力變差

· 心臟和血管的循環功能衰退

· 肺活量下降

· 頻尿

外觀變化

· 白髮、掉髮

· 皺紋、鬆弛

· 身高縮水

死亡後的身體變化

人類的死亡是指「腦死」，腦部所有功能停止，進而使維持生命的活動停擺的狀態。另一方面，只要腦幹功能正常，呼吸和循環功能將持續運作，這種情況稱為植物人狀態。

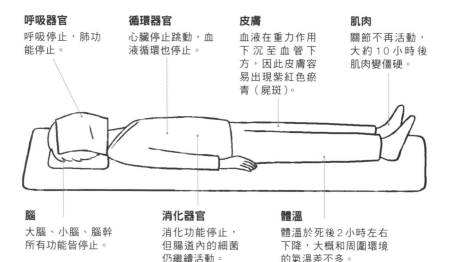

呼吸器官
呼吸停止，肺功能停止。

循環器官
心臟停止跳動，血液循環也停止。

皮膚
血液在重力作用下沉至血管下方，因此皮膚容易出現紫紅色瘀青（屍斑）。

肌肉
關節不再活動，大約 10 小時後肌肉變僵硬。

腦
大腦、小腦、腦幹所有功能皆停止。

消化器官
消化功能停止，但腸道內的細菌仍繼續活動。

體溫
體溫於死後 2 小時左右下降，大概和周圍環境的氣溫差不多。

對自己的身體感到 驕傲 & 自卑

擁有非比尋常的身體柔軟度

我的身體極為柔軟，能夠輕鬆做到180度劈腿、向前彎曲時也能手掌著地。因為這樣的關係，從事某些運動時較為吃虧，像是游泳項目中的仰泳，教練曾經對我說「你的身體過於柔軟，划水時反而容易產生一些不需要的多餘動作。」

作家・菅原嘉子

曾經對身高感到自卑，現在以正向態度面對⋯⋯！

因為個頭嬌小，從小一直感到很自卑，但現在已經能夠正向面對，我告訴自己以後變成老婆婆時，嬌小一點比較可愛，而且需要他人照顧時，比起體格高大的人，嬌小一點比較不吃力，比較不會造成他人負擔。

設計師・春日井智子

水球運動鍛鍊出倒三角形的身材！

過去曾經從事水球運動，鍛鍊出一身漂亮的倒三角形身材。因為體格壯碩，即便精力耗盡，依舊能夠保持完美的運動能力，既能維持良好姿勢也能保有一定水準的表現，這是我最引以為傲的地方。

業務員・小山步

30多年來一直耿耿於懷的齒列不工整

我一直非常在意齒列不工整的問題，直到成人後才做了隱形牙套矯正。經過了5年，目前牙齒外觀明顯有所改善。過去我不太在意口腔護理，但自從開始矯正後，我學會使用牙間刷，也不再有蛀牙。真的很慶幸自己做了矯正牙齒這件事！

編輯・上原千穗

能夠辨識細微氣味的嗅覺

透過空氣中的氣味，我能夠比其他人更早察覺季節更迭。我個人最喜歡初夏早晨的味道。一天之中的早晨和夜晚，氣味也是截然不同。然而有好必有壞，僅僅是與他人擦身而過，我也能立即聞到些許體臭味和令人感到不舒服的難聞氣味，這點確實在我的生活上造成些許困擾（笑）。

編輯・藤門杏子

其實自己有社交焦慮症

從以前一直深受社交焦慮症所苦惱，而且我認為這輩子可能治不好了，所以我決定將其視為自己的人格特性之一並坦然接受。

監修・工藤孝文

身體的不適症狀與疾病

為什麼會出現身體不適症狀和疾病？
受傷的身體如何痊癒？
人類與身俱來保護身體的能力。

分為內部原因和外部原因

疾病,一言以蔽之就是身體出問題。人類體內原本就具備維持身體環境處於穩定狀態的功能,稱為「體內恆定機制」。體內恆定機制若失衡,身體容易出問題。

而體內恆定機制失衡的原因分為內部與外部,不良生活習慣、壓力、老化等屬於內部原因。

另一方面,過敏、病毒、細菌等引起的感染症則屬於外部原因。然而人體原本就具備能夠戰勝病原體的免疫力,如果免疫力失效,極可能是內部原因造成。

疾病種類

疾病分類方式很多,這裡根據日本醫學教育核心課程的病例觀點,為各位介紹8種分類方式。

免疫過敏性疾病

體內的免疫細胞將沒有直接害處的食物或花粉視為異物,因產生過度反應而引發免疫過敏性疾病。過於激烈的攻擊反而傷害自己的身體。

感染症 相關內容 P122

病毒或細菌等病原體入侵體內所引起的疾病。細菌產生的毒素和病毒破壞細胞,導致身體受損。

糖尿病

負責降低血糖值的荷爾蒙沒有發揮作用,導致血糖值逐漸升高,進而破壞全身血管和神經的疾病。放任不管恐誘發釀成失明的視網膜病變、神經病變、腎臟病等併發症。

精神疾病

精神壓力等引起的心理疾病。例如思覺失調症、躁鬱症、憂鬱症、泛自閉症障礙、焦慮症、適應障礙症等。

癌症 相關內容 P134

正常細胞蛻變成癌細胞並破壞周圍臟器和組織的疾病。雖然平時也有細胞癌化現象,但免疫細胞都能及時加以殲滅,然而免疫細胞無法將其完全清除時,就容易演變成癌症。

高血壓 相關內容 P128

血液施加於血管的壓力長期高於正常狀態(多次測量)時,判定為高血壓。高血壓是腦中風的危險因子之一。

腦血管疾病 相關內容 P134

腦部血管問題導致腦部受損的疾病。腦出血、蜘蛛膜下腔出血、腦梗塞都稱為腦中風。腦部血流供應受到阻礙而引起。

心臟疾病 相關內容 P134

心臟相關的疾病。動脈硬化等血管阻塞引起心肌梗塞、狹心症,這兩種都屬於缺血性心臟病。另外還有瓣膜性心臟病、心肌症等。

🦠 日本厚生勞働省提出的5種疾病

為了維持身體健康，厚生勞働省提出下列5種需要醫療支援的疾病。

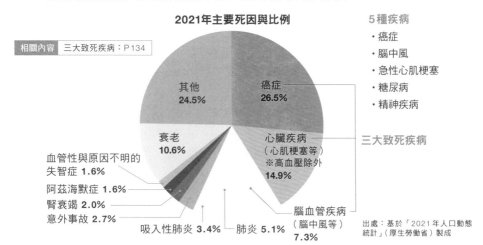

2021年主要死因與比例

相關內容　三大致死疾病：P134

- 其他 24.5%
- 癌症 26.5%
- 衰老 10.6%
- 心臟疾病（心肌梗塞等）※高血壓除外 14.9%
- 血管性與原因不明的失智症 1.6%
- 阿茲海默症 1.6%
- 腎衰竭 2.0%
- 意外事故 2.7%
- 吸入性肺炎 3.4%
- 肺炎 5.1%
- 腦血管疾病（腦中風等）7.3%

5種疾病
- ·癌症
- ·腦中風
- ·急性心肌梗塞
- ·糖尿病
- ·精神疾病

三大致死疾病

出處：基於「2021年人口動態統計」（厚生勞働省）製成

🦠 感染症是外來入侵者所引起的

身體因病毒、細菌等病原體入侵而受損。根據傳染病法，感染症依傳播速度等危害風險程度高低分類如下。

	特徵	感染症名稱
第一類法定傳染病	傳染力和重症發生率極高的感染症。需要管制特定區域之交通、建議住院、停止上班、進行消毒。	伊波拉出血熱、天花、鼠疫、馬堡病毒出血熱、拉薩熱。
第二類法定傳染病	傳染力和重症發生率高的感染症。需要建議住院、停止上班、進行消毒。	小兒麻痺、白喉、SARS、結核病、禽流感等。
第三類法定傳染病	風險比第一～二類小，但可能發生集體群聚現象的感染症。需要停止上班、進行消毒。	霍亂、桿菌性痢疾、傷寒、副傷寒等。
第四類法定傳染病	幾乎不會人傳人，但可能經由動物、飲食等途徑傳染的感染症。需要進行消毒。	E型肝炎、A型肝炎、狂犬病等。
第五類法定傳染病	進行國內疫情趨勢調查，向國民和醫療相關人員提供必要相關資訊，並且公開疫情以防止感染擴大的感染症。	流感、麻疹、病毒性肝炎、後天免疫缺乏症候群（愛滋病）等。
新型流感等感染症	新型流感、再現新興流感、新型冠狀病毒感染症。	
指定感染症	未歸類至第一～第三類法定傳染病，也並非新型流感等感染症，雖然是已知感染症，但仍需採取同第一～第三類因應對策之感染症。	
新感染症	會人傳人且症狀明顯不同於已知感染症的新型感染症。基於傳染力和重症度，判定為高危險性的感染症。	

2022年9月25日　出處：厚生勞働省

02

普通感冒也是一種感染症

感冒因病毒而引起

著涼或疲勞累積可能引發感冒，但感冒的直接原因其實來自外部。感冒是腺病毒、鼻病毒、伊科病毒、腸病毒等病毒引起的感染症。免疫細胞在身體虛弱時無法充分運作以對抗入侵的病毒，因而造成病毒在體內增生。

進入體內的病毒進一步侵襲細胞並加以破壞。病毒挾持細胞製造大量病毒自身的DNA，使細胞失去原本的功用。當新生病毒抵達某個部位，該部位就會出現症狀。

感染機轉

病毒進入細胞並加以破壞，然後讓細胞大量複製自己的分身。以病毒所到之處為中心，引發各種感冒症狀。

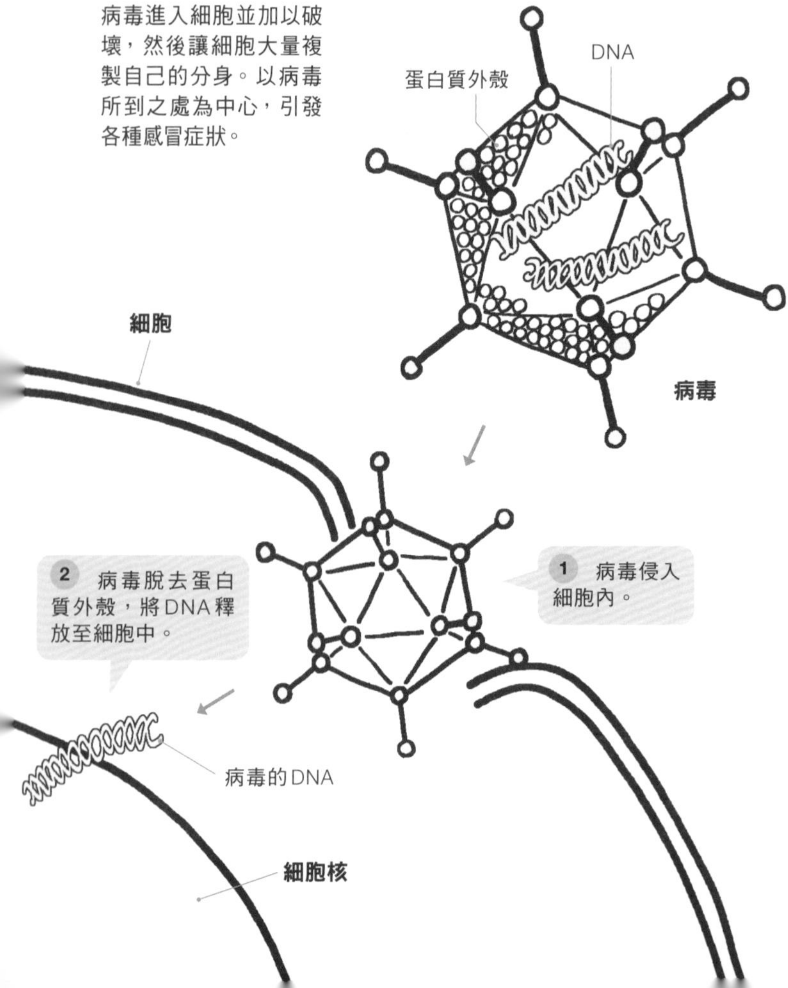

DNA

蛋白質外殼

病毒

② 病毒脫去蛋白質外殼，將DNA釋放至細胞中。

① 病毒侵入細胞內。

細胞

病毒的DNA

細胞核

細菌和病毒不一樣

細菌是微小生物，但病毒不是生物。病毒沒有一般生物擁有的細胞，必須仰賴其他生物的活細胞才得以增生。

●病毒增生

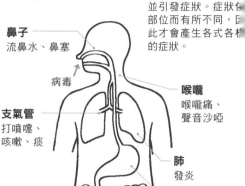

病毒於入侵部位增生並引發症狀。症狀依部位而有所不同，因此才會產生各式各樣的症狀。

鼻子
流鼻水、鼻塞

病毒

支氣管
打噴嚏、咳嗽、痰

喉嚨
喉嚨痛、聲音沙啞

肺
發炎

胃腸
發炎、腹瀉

病毒
約100奈米
（0.0001mm）

人類細胞
約20微米
（0.02mm）

細菌（大腸桿菌）
約1～2微米
（0.001～
0.002mm）

6　細胞遭破壞，釋放大量新製造的病毒。這些病毒破壞其他細胞並繼續增生。

人類細胞比大腸桿菌大上10倍。

5　細胞製造新的病毒。

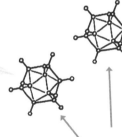

3　複製病毒的DNA，將DNA訊息轉譯至RNA。

細胞合成的病毒蛋白質

4　根據複製的RNA訊息，開始在細胞內合成病毒蛋白質。

RNA

生病時為什麼會發燒？

幫助白血球攻擊病原體

遭到病毒等病原體感染時，免疫系統自行啟動並引起各種發炎現象。感染部位的血管擴張導致發紅、白血球等往組織移動導致腫脹，以及隨之而來的疼痛與發燒。

感染時之所以發燒，和白血球的運作息息相關。白血球開始對抗病原體的同時，分泌作用於腦血管內皮細胞的物質，而這種物質會刺激體溫調節中樞，導致體溫上升。白血球於高溫下比較活躍，相反的，病原體不耐高溫。亦即發燒是身體對抗入侵病原體的必要功能，只要將病原體清除乾淨，體溫自然下降。

大腦的體溫調節中樞下達發燒指令

白血球開始對抗病原體時釋放發燒物質。體溫愈高，白血球的活動力愈旺盛，也愈能夠削弱病原體的威力。

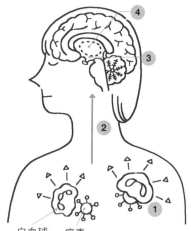

1. 病毒入侵，白血球開始積極抵抗。

2. 白血球釋放的細胞激素作用於腦血管的內皮細胞。

3. 內皮細胞進一步作用於下視丘的體溫調節中樞。

4. 體溫調節中樞命令體溫上升。

白血球　病毒

發燒是保護身體的防禦機制。

您知道嗎？　一天當中的體溫隨時產生變化

人類的體溫不會一整天都維持一樣。用腦、用肌肉、飯後進行消化活動，這些時候的體溫都會升高。除此之外，體溫也受氣溫影響，清晨時的體溫最低，然後逐漸上升，大約下午2～6點時體溫最高，這是因為大腦活動和消化活動最旺盛，再加上外界氣溫也升高所致。

保護身體的各種白血球

保護身體的免疫細胞種類繁多，同時也是白血球的家族成員。

嗜中性白血球

數量最多的白血球。傷口流出的膿液是陣亡後的嗜中性白血球屍體。

嗜酸性白血球

過敏或體內有寄生蟲時，嗜酸性白血球數量增加。

嗜鹼性白血球

功用是輔助其他免疫細胞。數量少。

肥大細胞

含有許多顆粒，體積會膨脹變大。

淋巴球
（T淋巴球、B淋巴球、毒殺性T細胞等）

淋巴球是白血球中最小的免疫細胞，有各式各樣的種類。

大淋巴球

淋巴球變大而來。透過細胞分裂增加數量。

漿細胞

B淋巴球增生變化而來。能夠分泌大量抗體。

巨噬細胞

最大的白血球。除了外來敵人，也會吞噬壞掉的細胞。

樹突細胞

發現抗原並將抗原訊息傳送給T淋巴球。

| 相關內容 | 免疫細胞：P138 |

平均體溫為36～37℃的理由

身體進行消化活動時會分泌消化液，而消化液所含的消化酵素於體溫36～37℃時最能發揮作用。換句話說，平均體溫36～37℃是維持身體健康的最佳體溫。

體溫每上升1℃，免疫力跟著上升5～6倍。

體溫和消化酵素的反應速度

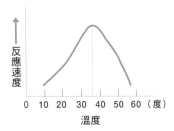

反應速度

0　10　20　30　40　50　60（度）
溫度

為什麼會中暑？

高溫高濕的環境，使中暑病例逐年增加

其實中暑和日射病（過去日本稱中暑為日射病）是一樣的，過去在酷熱的夏季裡，不少人從事農耕作業或體育運動時，因天氣過於炎熱而導致身體不適或昏倒，所以當時稱這樣的情形為「日射病」，但2000年時已經統一稱為中暑。

中暑是指身體的體溫調節功能失常，炎熱使體溫不斷上升，或者濕度太高導致身體無法藉由排汗來達到冷卻效果。即便有出汗，但為了解渴只喝大量的水而沒有攝取鹽分，可能因此造成脫水現象。近年來，中暑已經成為一種隨時隨處可見的疾病。

🦠 引起中暑的各種原因

引起中暑的原因可分為外在因素與內在因素。

外在因素	內在因素
（自己無法控制）	（自己能夠控制或個人已具備）
・氣溫高	・65歲以上高齡者、嬰幼兒中暑的風險高
・濕度高	・患有疾病（心臟疾病、肺部疾病、高血壓、糖尿病等）
・不通風	・肥胖
・日照強	・酷熱氣候中運動或工作
・無法使用空調	・身體狀況不佳
・不方便補充水分	

自2021年起，環境省和氣象廳根據炎熱指數預測值發出「中暑警戒通知」。

您知道嗎？

梅雨季也容易中暑

在濕度飆高的梅雨季裡，由於汗液不容易蒸發，導致藉由排汗來冷卻身體的功能無法正常運作，即便天候不如盛夏般酷熱，體溫還是節節升高，進而產生中暑。梅雨季節裡也要確實採取預防中暑的對策，像是使用空調等進行環境除濕。

中暑的症狀

根據是否需要具體治療，將中暑分為I～III級。

I級（輕度）		II級（中度）		III級（重度）	
·暈眩	·起身時頭暈	·噁心	·嘔吐	·體溫非常高	·痙攣
·肌肉抽筋	·手腳發麻	·身體倦怠	·頭痛	·無法直線走路	·跑不動
·肌肉痛	·臉潮紅	·全身無力	·皮膚乾燥	·沒有意識	
·身體不舒服	·大量出汗			·對呼喚聲沒有反應	

中暑對策與體液間的關係

任何人都可能發生中暑，健康者也可能在不知不覺間逐漸滋生並突然出現臨床症狀表現。

經常補充水分
建議平時攜帶寶特瓶或水壺，感覺口渴時，千萬別忍耐，盡快補充水分。

確保充足睡眠
充足睡眠能保持身體環境恆定（體內恆定機制），降低中暑的發生率。

改善生活環境
隨時確認氣溫和濕度，保持室內環境舒適，避免陽光直射和西曬。

攝取鹽分
含酒精飲料和碳酸飲料是大NG。比起水和茶類，帶點鹽分的運動飲料比較適合。

平時培養體力
平時盡可能多活動身體，養成運動流汗的習慣，打造容易流汗的體質。

外出時撐傘、戴帽子，務必做好避免陽光直射的防曬措施！

●**中暑之前的體液變化**

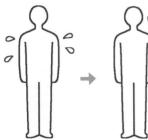  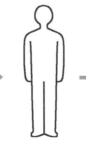 

天氣熱大量流汗，體液減少而感到口渴。

喝水。

喝水能夠解渴，但體液濃度變稀。

為了調節體液濃度，排出多餘水分。

體液不足引發中暑。

相關內容 水分：P25

高血壓帶來哪些風險

血管受損可能導致動脈硬化和腦中風

慢性病是指偏食、缺乏運動、抽菸、喝酒等日常生活習慣誘發症狀的疾病。高血壓也是慢性病的其中一種。

血壓是血液流動時對血管造成的壓力，一般使用血壓計測量上臂動脈的血壓，收縮壓140mmHg以上，舒張壓90mmHg以上即診斷為高血壓。主要原因為肥胖、高脂血症、抽菸等使血壓持續處於偏高的狀態，進而對動脈和心臟造成莫大負擔，可能演變成腦中風、動脈硬化、狹心症、心肌梗塞等危害性命的疾病。因此，高血壓有著「沉默殺手」的稱號。

血壓的原理

血壓受到血管壁阻力、血液流量、心臟收縮力3個要素的影響。

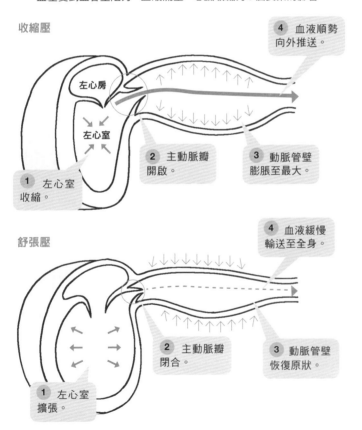

收縮壓

4 血液順勢向外推送。

左心房

左心室

2 主動脈瓣開啟。

3 動脈管壁膨脹至最大。

1 左心室收縮。

舒張壓

4 血液緩慢輸送至全身。

2 主動脈瓣閉合。

3 動脈管壁恢復原狀。

1 左心室擴張。

血壓隨著年齡增長而升高

血管隨著年齡增長而老化,也因為失去彈性導致血壓逐年升高。沒有特殊疾病,純粹因為化造成動脈硬化,進而引起高血壓的狀態稱為「本態性高血壓」。

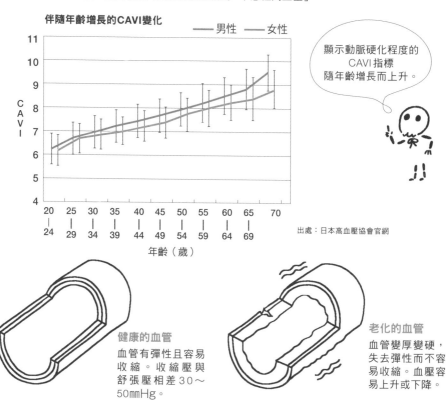

伴隨年齡增長的CAVI變化 ── 男性 ── 女性

出處:日本高血壓協會官網

顯示動脈硬化程度的
CAVI指標
隨年齡增長而上升。

健康的血管
血管有彈性且容易收縮。收縮壓與舒張壓相差30～50mmHg。

老化的血管
血管變厚變硬,失去彈性而不容易收縮。血壓容易上升或下降。

高血壓的基準

高血壓的診斷基準為收縮壓140mmHg以上,舒張壓90mmHg以上。

最適血壓是指不會對身體造成損害的理想血壓。

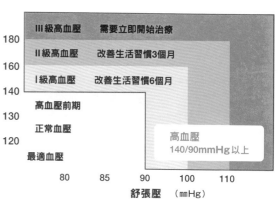

III級高血壓	需要立即開始治療	
II級高血壓	改善生活習慣3個月	
I級高血壓	改善生活習慣6個月	
高血壓前期		
正常血壓		**高血壓**
最適血壓		140/90mmHg以上

收縮壓(mmHg)
180
160
140
130
120

舒張壓 (mmHg)
80　85　90　100　110

出處:高血壓治療臨床指南2014(日本高血壓學會)

※本書記載的高血壓基準是在醫療機構測量的血壓值。

任一種都會損害血管，造成動脈硬化和腦中風

血糖值持續升高、血液中膽固醇濃度高、含膽固醇的三酸甘油酯等脂質多，這些都是促使動脈硬化而引發腦中風的因素。

舉例來說，如果調節血糖值的荷爾蒙失效，血液中過多糖分容易損壞血管壁。

另一方面，LDL（低密度脂蛋白膽固醇）過多時會附著在血管壁上，造成動脈硬化。而LDL和三酸甘油酯、HDL（高密度脂蛋白膽固醇）一起形成血脂，導致血流不順暢或容易形成血栓。

調節血糖值的機轉

血糖值代表血液中的葡萄糖濃度。胰臟分泌的胰島素促進醣類消耗以降低血糖值。

健康者的血管
胰島素從血管中取出葡萄糖並送至細胞。

血管
醣類（葡萄糖）
胰島素
細胞

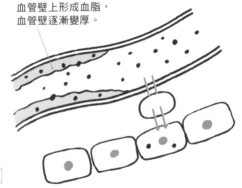

糖尿病患者的血管
胰島素分泌量減少使得作用力減弱，逐漸無法從血管內充分回收葡萄糖，導致醣類破壞血管壁並演變成動脈硬化。

血管壁上形成血脂，血管壁逐漸變厚。

相關內容　糖尿病：P120

2種膽固醇的功用

膽固醇是一種脂質,有LDL(低密度脂蛋白膽固醇)和HDL(高密度脂蛋白膽固醇)2種
LDL容易附著在血管壁上,是引起腦中風和狹心症的原因之一。而HDL的主要工作則是回
LDL。

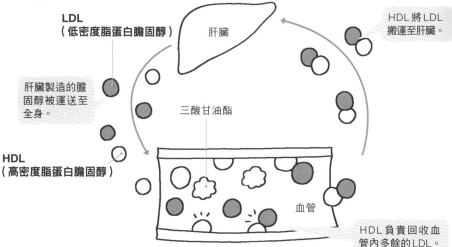

LDL
(低密度脂蛋白膽固醇)

肝臟

HDL 將 LDL
搬運至肝臟。

肝臟製造的膽
固醇被運送至
全身。

三酸甘油酯

HDL
(高密度脂蛋白膽固醇)

血管

HDL 負責回收血
管內多餘的LDL。

膽固醇是人體不可或缺的物質

人體7~8成的膽固醇由肝臟製造。大眾普遍認為膽固醇對人體有害,但其實膽固醇是製造細
胞膜和荷爾蒙的必要物質。

●由膽固醇製造的相關物質

細胞膜
製造細胞的構成要素。膽
固醇是細胞膜的主要成分。

皮質醇
腎上腺皮質分泌的荷爾蒙。

性激素
男性荷爾蒙和女性荷爾
蒙。

髓磷脂
神經傳導物質。

膽酸
膽囊分泌的膽汁中所含
的消化液。

維生素D
幫助鈣質吸收。

相關內容 細胞膜:P22、荷爾蒙:P56、膽汁:P76

高脂血症與其帶來的影響

高脂血症是指 LDL、HDL、三酸甘
油酯在血液中的濃度異常。一旦
在動脈內形成血脂,便容易造成
動脈硬化。

相關內容 三酸甘油酯:P133

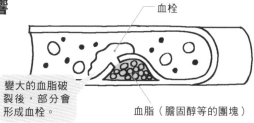

血栓

變大的血脂破
裂後,部分會
形成血栓。

血脂(膽固醇等的團塊)

內臟脂肪、血中脂質與動脈硬化風險間的關係

代謝症候群是指腰圍過粗且動脈硬化之3種風險（高血壓・高血脂・高血糖）中符合2項以上的狀態。即便各項目皆屬輕度異常，加總起來同樣可能增加罹患心肌梗塞和腦中風的風險。

持續囤積的內臟脂肪也會增加負面影響。內臟脂肪太多易干擾新陳代謝，阻礙血液中三酸甘油酯的分解。三酸甘油酯過度增加導致HDL（高密度脂蛋白膽固醇）減少、導致LDL（低密度脂蛋白膽固醇）縮小，縮小後的LDL反而更容易進入血管壁，促使動脈硬化速度加快。

何謂代謝症候群

代謝症候群的判定依據為腰圍、血壓、血中脂質、血糖值。
診斷標準為2005年日本內科學會等8個醫學學會共同制定。

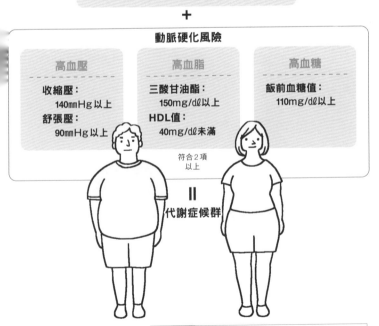

腰圍

男性：85cm以上　女性：90cm以上
※ 腰圍量測方式為大約肚臍的高度。

+

動脈硬化風險

高血壓	高血脂	高血糖
收縮壓： 140mmHg 以上 舒張壓： 90mmHg 以上	三酸甘油酯： 150mg/dl以上 HDL值： 40mg/dl未滿	飯前血糖值： 110mg/dl以上

符合2項以上

＝
代謝症候群

相關內容　高血壓：P128，高血糖・高血脂：P130

男性多為代謝症候群的候補人選

根據代謝症候群的判定標準，符合1項以上的人之中，男性占比超過一半。

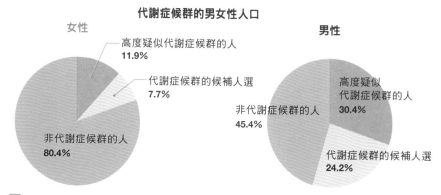

代謝症候群的男女性人口

女性

高度疑似代謝症候群的人
11.9%

代謝症候群的候補人選
7.7%

非代謝症候群的人
80.4%

男性

高度疑似
代謝症候群的人
30.4%

非代謝症候群的人
45.4%

代謝症候群的候補人選
24.2%

■ 高度疑似代謝症候群的人（動脈硬化風險判定標準中符合2項）
□ 代謝症候群的候補人選（動脈硬化風險判定標準中符合1項）
■ 非代謝症候群的人

出處：根據2019年國民健康・營養調查（厚生勞働省）資料製成

內臟脂肪過多會阻礙三酸甘油酯分解

內臟脂肪囤積使具有儲存能量功用的脂肪細胞肥大，進而阻礙三酸甘油酯的分解。

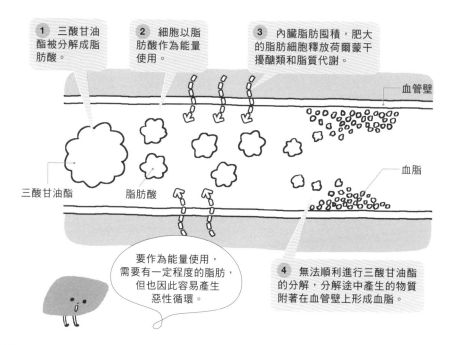

1 三酸甘油酯被分解成脂肪酸。

2 細胞以脂肪酸作為能量使用。

3 內臟脂肪囤積，肥大的脂肪細胞釋放荷爾蒙干擾醣類和脂質代謝。

血管壁

三酸甘油酯

脂肪酸

血脂

要作為能量使用，需要有一定程度的脂肪，但也因此容易產生惡性循環。

4 無法順利進行三酸甘油酯的分解，分解途中產生的物質附著在血管壁上形成血脂。

08

造成日本人死亡的三大致死疾病

日本人的三大死因
癌症、心臟病、中風

癌症、心臟病、腦血管疾病（中風）是慢性病中的前三大死因，稱為三大致死疾病。

癌症是正常細胞癌化，進一步破壞周圍的臟器與組織的疾病。癌細胞持續增生並轉移，癌細胞轉移後造成其他組織也發生功能失調現象。心臟病中最具代表性的是心肌梗塞和狹心症，因動脈硬化等造成血管阻塞而引起。其他還有像是瓣膜性心臟病、心肌症等。中風是指腦部血管病變造成腦部受損，根據病因可分為腦出血、蜘蛛膜下腔出血和缺血性腦中風（腦梗塞）。

癌症的發生與轉移

人體由超過60兆個細胞組成，有些細胞天生是癌細胞，當免疫細胞無法破壞這些癌細胞，就容易引發癌症。

細胞

1 某些因素造成細胞受損。

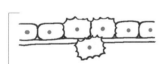

癌細胞

基底膜

原位癌

2 細胞癌變。癌細胞停留在上皮內的期間，只要免疫細胞能夠加以破壞並消滅，便不會出現轉移現象。

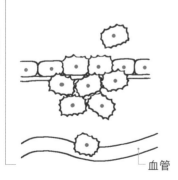

侵襲癌

3 免疫細胞無法破壞癌細胞時，癌細胞便穿越基底膜並持續增生。

4 增生的癌細胞進入血管和淋巴管，藉此移動並轉移至其他臟器。

血管

何謂心臟病

心臟病泛指各類與心臟有關的疾病,最具代表性的是動脈硬化等造成血管阻塞所引起的心肌梗塞和狹心症。這兩種稱為缺血性心臟病。

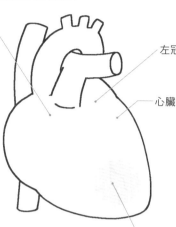
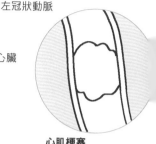

右冠狀動脈

左冠狀動脈

心臟

狹心症

冠狀動脈變狹窄,血液流動受到阻礙的狀態。平靜時不容易出現症狀,但稍微運動一下便容易感到胸痛、胸口有壓迫感,持續時間約數分鐘至30分鐘左右。

若血液長時間無法抵達心臟,心肌會因此壞死。

心肌梗塞

冠狀動脈完全阻塞的狀態,劇烈胸痛持續1小時以上。可能是狹心症惡化所致,也可能是突然發作。

主要的腦中風種類和原因

腦中風是腦血管疾病的總稱,種類依發生原因而有所不同。通常會突然出現劇烈頭痛、嘔吐、意識不清等症狀,特徵是容易留下運動障礙或語言障礙等後遺症。

	腦出血	蜘蛛膜下腔出血	腦梗塞
原因	高血壓等因素導致腦部細小血管受損,進一步因為血管破裂而引起。	年齡增長造成形成於血管上的腦動脈瘤破裂,出血時大量血液積聚在覆蓋於腦內的蜘蛛膜內側而引起。	腦血管阻塞而引起。主要原因為高血壓導致動脈硬化。
特徵	容易發生於活動的時候。	腦中風中死亡率最高。	占腦中風病例的一半以上。往往發生得很突然,也多半容易重症化。

●腦中風的前兆

・突然頭暈、劇烈頭痛
・口齒不清
・半側臉部或手腳麻痺
・視野缺損、複視
・無法走直線
　等等

> 腦中風有前兆可循,所以早期發現非常重要!

男女性各自容易罹患的疾病

男女差異、生活習慣造成的影響愈來愈明顯

男女性的身體構造和生殖器官截然不同，容易罹患的疾病也大不相同。近年來，性別醫療愈來愈受到重視，男女性容易罹患的疾病在醫學上的原因與機轉也日漸明朗。

女性停經後因女性荷爾蒙分泌減少，骨骼溶蝕（破壞舊骨骼）的速度大於骨骼生成，因此容易罹患骨質疏鬆症。另一方面，痛風患者多半為男性，原因是女性荷爾蒙能促使排泄造成痛風的尿酸。男性沒有足夠的女性荷爾蒙，因此尿酸值普遍高於女性。基於這個因素，女性於停經後也容易產生痛風這個問題。

男女差異與就診率的比較

針對男女性前往醫院就診的原因進行調查，可以發現骨質疏鬆症和痛風這兩種疾病有明顯的男女性差異。

男女性差異與就診率的比較（每1000人中的發生率）

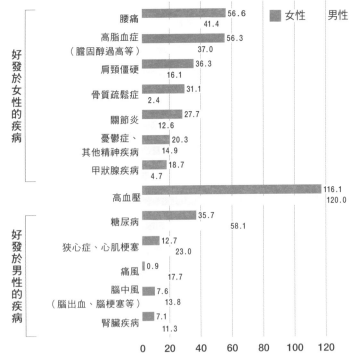

	女性	男性
好發於女性的疾病		
腰痛	56.6	41.4
高脂血症（膽固醇過高等）	56.3	37.0
肩頸僵硬	36.3	16.1
骨質疏鬆症	31.1	2.4
關節炎	27.7	12.6
憂鬱症、其他精神疾病	20.3	14.9
甲狀腺疾病	18.7	4.7
好發於男性的疾病		
高血壓	116.1	120.0
糖尿病	35.7	58.1
狹心症、心肌梗塞	12.7	23.0
痛風	0.9	17.7
腦中風（腦出血、腦梗塞等）	7.6	13.8
腎臟疾病	7.1	11.3

相關內容　男女性的差異：P28

出處：根據2016年國民生活基礎調查概況（厚生勞働省）資料製作

好發於男性的疾病

除了下列疾病外，男性還有許多容易引發疾病的症狀，像是高血壓、代謝症候群等。

ED（勃起功能障礙）

含重度和中度在內，推估約1130萬人有勃起功能障礙。根據2019年的調查結果，約3成的男性曾經深受ED所苦。目前以接受諮詢和藥物治療為主。

叢發性頭痛

日本約有4000萬人（含男女性）有慢性頭痛問題。其中男性比率居高不下的是叢發性頭痛，多半發生於20歲～40歲，原因可能與水痘-帶狀疱疹病毒有關。

攝護腺肥大症

只有男性有攝護腺這個生殖器官，因此攝護腺肥大症是男性特有疾病。攝護腺肥大會壓迫尿道，造成排尿不順。此外，可能有無法蓄尿、頻尿、漏尿等症狀。好發於50歲過後。

睡眠呼吸中止症

喉嚨的上呼吸道反覆性塌陷，導致睡眠中呼吸停止10秒以上、呼吸變短淺、白天嗜睡。造成睡眠呼吸中止症的原因之一是肥胖，由於男性的脂肪容易堆積在上半身或頸部，因此相對容易有睡眠呼吸中止症的問題。

痛風

尿酸過多會在血液中形成結晶，造成關節疼痛。過去認為嘌呤攝取過量才會造成尿酸，但現在醫學界發現尿酸的原因不僅是嘌呤，暴飲暴食等不規律生活也容易引發痛風。

尿路結石

尿液中的礦物質結晶化，變得跟石頭一樣硬。根據結晶沉積位置分為腎結石、輸尿管結石、膀胱結石、尿道結石4種。無法自行排出體外時，需要透過手術取出結石或震碎。

相關內容　ED：P99、叢發性頭痛：P148

好發於女性的疾病

除了下列疾病外，手腳冰涼、便祕等多半發生在女性身上。另外，和男性一樣深受頭痛所苦的女性也不少。

大腸癌

女性癌症中，死因排名第一的是大腸癌。肛門出血和排便量減少的次數增加，但因為症狀類似便祕和痔瘡，容易因為遭到忽視而使病情惡化。

痔瘡

手腳冰涼、便祕等導致女性經常出現肛裂情況。天氣寒冷或使勁出力等使臀部周圍充血，進而形成痔瘡的情況也不在少數。

膀胱炎

大腸桿菌等腸道細菌進入尿道並在膀胱增生而發病。女性的尿道比男性短，相對容易罹患膀胱炎。症狀包含排尿時疼痛、殘尿感、尿液渾濁等，容易一再復發。

拇趾外翻

長期穿不合腳的鞋子，導致腳趾變形，進而演變成行走困難的狀態。除了劇烈疼痛外，還可能伴隨捲甲、嵌甲等問題。併發足趾朝向內側的外翻扁平足的情況也十分常見。

甲狀腺功能異常

甲狀腺功能低下症是指甲狀腺激素分泌減少，出現浮腫、倦怠等症狀；相反的，甲狀腺功能亢進症（主要是葛瑞夫茲氏症）則是甲狀腺激素分泌過量，出現多汗、心悸、血壓上升等症狀。

NASH（非酒精性脂肪肝炎）

個子嬌小的人，肝臟通常較小，代謝酒精的能力也比較差。另外，女性荷爾蒙分泌減少也會加速肝功能障礙的進展，因此相比於男性，停經後的女性即便只是少量飲酒，也容易演變成肝硬化。

2種免疫力

與生俱來的先天性免疫力和戰鬥後得到的獲得性免疫力

環境四周有著許多的病原體，像是病毒和細菌，但因人體具備了免疫力，才讓我們得以維持健康。人體所俱有的免疫力是天生的。

身體內的嗜中性白血球、巨噬細胞等白血球稱為免疫細胞，當它們發現外來的病原體時會立即將其吞噬。而接到巨噬細胞指令的T淋巴球，則會命令B淋巴球釋放抗體，轉由抗體接手接下來的對抗病原體大作戰。

B淋巴球熟記整個作戰流程，當再次遇到相同的病原體時，就會立即釋放抗體來攻擊病原體，這就是所謂的後天免疫。

如何取得獲得性免疫力

免疫力主要功用是對抗病原體（抗原）以保護身體。免疫細胞針對進入體內的病原體擬訂防禦機制，當再有相同病原體入侵，便主動建構防禦系統。

病原體初次進入體內時

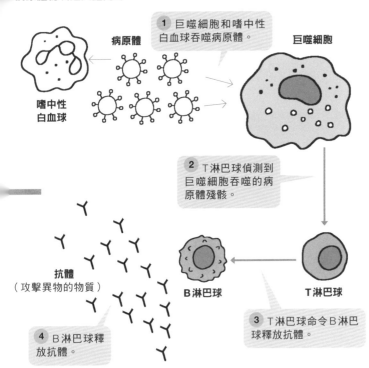

病原體

嗜中性白血球

巨噬細胞

1 巨噬細胞和嗜中性白血球吞噬病原體。

2 T淋巴球偵測到巨噬細胞吞噬的病原體殘骸。

抗體（攻擊異物的物質）

B淋巴球

T淋巴球

3 T淋巴球命令B淋巴球釋放抗體。

4 B淋巴球釋放抗體。

抗體捕捉形狀吻合的病原體並消滅其毒性

體內數量最多的抗體是呈Y字形的「IgG」。抗體和病原體只有在突出部位形狀吻合的情況下才會互相結合，也才能成功捕捉。抗體進一步消滅病原體的毒性。

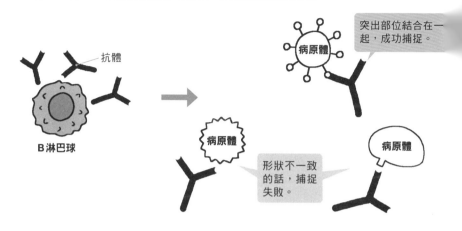

相同病原體再次進入體內時

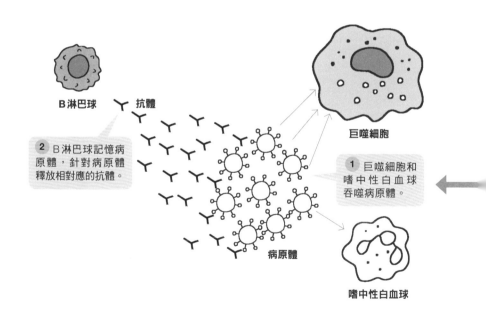

相關內容 | 免疫細胞：P125

10 施打疫苗為什麼可以產生抗體

產生抗體預防症狀惡化

預防性接種能夠避免病原體造成感染而引發嚴重症狀，換句話說就是施打疫苗。當免疫細胞曾經交戰過的病原體再次入侵體內，B淋巴球立即產生抗體。利用獲得性免疫力機制，事先打造類似感染的情境。

但話說回來，若施打疫苗導致感染疾病，那就本末倒置了，因此製造疫苗時普遍使用毒性較弱的病原體（活性減毒疫苗）或病原體成分（不活化疫苗）作為原料。活性減毒疫苗的效果佳，但容易產生副作用。不活化疫苗較為安全，但效果較弱，需要重複妥重數次。

疫苗種類

疫苗種類非常多，會根據製作時所使用的原料來分類。接下來為大家介紹其中幾種疫苗。

使用整株病原體

活性減毒疫苗

將活的病原體做減毒處理後製作成疫苗，能產生幾乎等同於自然感染時的免疫力，例如：德國麻疹疫苗、流行性腮腺炎疫苗、BCG、麻疹疫苗等。

不活化疫苗

殺死病原體使其不具感染力，僅留下能產生免疫的成分。相較於活性減毒疫苗，免疫效果較低。例如：流感疫苗、日本腦炎疫苗、肺炎鏈球菌疫苗等。

使用局部病原體

重組蛋白疫苗

在病毒表面的蛋白質中，篩選需要的蛋白質植入細胞中培養，細胞增生並生成蛋白質後加以純化製作成疫苗。例如B型肝炎疫苗。

類毒素疫苗

取出病原體產生的毒素，僅留下製造疫苗所需要的部分，亦即使用已經不具毒性的病原體。有些人將其歸類為不活化疫苗，例如百日咳疫苗等。

使用病毒基因

DNA疫苗

將病毒的蛋白質設計圖DNA序列直接送入人體，利用人體細胞製造病毒的抗原蛋白以產生免疫反應。需要接種數次。目前日本尚未正式使用於臨床上。

mRNA疫苗（信使RNA）

將病毒的蛋白質設計圖RNA（這裡使用攜帶遺傳訊息的mRNA）直接送入體內，利用人體細胞製造病毒的抗原蛋白以產生免疫反應。需要接種數次，例如新冠肺炎疫苗等。

疫苗的起源

18世紀的英國曾經數次流行牛的皮膚上長滿大量水皰的傳染病。那時候愛德華‧詹納（Edward Jenner）醫生發現曾經罹患牛痘的人不會感染天花，於是他從感染牛痘時所形成的水皰中取出部分液體製作成天花疫苗，結果預防感染的成效相當驚人。自此也拉開了免疫醫學的序幕。

比起其他先進國家，日本能夠免費接種的疫苗相對較少，因此被稱為疫苗的開發中國家。

透過疫苗取得獲得性免疫力的機制

疫苗是使用不足以引起疾病的減毒病原體或病原體成分製造而成。透過接種疫苗，讓身體能夠在真正遇到病原體入侵時，免疫細胞得以及時產生抗體並加以對抗。

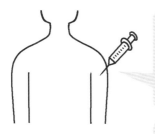

1 **接種疫苗**

病原體

細胞

讓減毒病原體或病原體成分進入體內。

2 **進行對抗病原體的模擬演練**

免疫細胞記住病原體特徵（獲得性免疫力）。

3 **病原體再次進入體內時，抗體群起對抗並加以擊退**

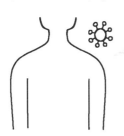

B淋巴球

抗體

病原體

B淋巴球釋放抗體，消滅病原體的感染力。

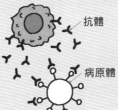

毒殺性T細胞

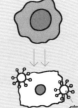

病原體

毒殺性T細胞破壞受感染的細胞。

相關內容 獲得性免疫力：P138

過敏是這樣發生的

過敏反應是免疫功能失控所致

過敏是免疫細胞針對非病原體的物質進行過度攻擊所產生的結果，導致症狀表現於身體上。將原本無須採取攻擊行為的食品和花粉等視為異物的現象稱為「過敏反應」，這個反應過於強烈時反而會傷害身體。雖然引起過敏的原因尚不明確，但一般認為和體質、環境息息相關，當體內有過多對過敏原因物質（過敏原）產生反應的抗體，便容易誘發過敏反應。

另一方面，近來也有研究結果顯示環境過於乾淨也是導致愈來愈多人出現過敏症狀的原因之一。

依部位分類的各種過敏反應

過敏反應包含支氣管收縮、大量黏液分泌、黏膜發炎等。

眼睛	口腔	皮膚
・充血 ・眼睛周圍搔癢 ・流眼淚	・嘴唇、舌頭不適感 ・腫脹	・搔癢　・蕁麻疹 ・發紅　・濕疹 ・浮腫

消化器官	呼吸器官	
・腹瀉、血便 ・噁心、嘔吐	・打噴嚏 ・咳嗽 ・鼻塞、流鼻水	・呼吸困難 ・發出呼－呼－、咻－咻－的呼吸聲

神經	循環器官	全身
・沒有精神 ・沒有活力 ・意識模糊	・心跳過快、脈動紊亂 ・手腳冰涼 ・發紺 　（嘴唇或指甲蒼白） ・血壓低	・全身過敏性反應（血壓低、意識不清、皮膚和呼吸器官等數種症狀）

您知道嗎?

過敏症狀隨年齡增長而改變

嬰幼兒發生食物過敏的機率大約1成，尤其是牛奶、雞蛋、小麥等食物，但過敏反應多半隨成長而逐漸減輕，這是因為消化道的免疫功能已經發育至一定程度。然而另一方面，體質改變可能導致身體對新的過敏原產生反應，因此過敏症狀會隨著年齡增長而產生變化。

重新審視生活環境有助於緩解過敏症狀。

過敏的發生機轉

免疫細胞對引起過敏的物質（過敏原）產生激烈反應，進一步展開攻擊而誘發過敏症狀。

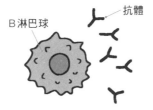

1 釋放花粉中的過敏原。

2 過敏原入侵體內，B 淋巴球產生反應並釋放抗體。

3 抗體附著於肥大細胞上。

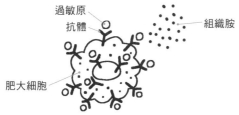

4 過敏原再次入侵，並且附著於抗體上，肥大細胞釋放組織胺等化學物質。

5 刺激神經並引起各種過敏反應。

蕁麻疹的發生機轉

過敏反應產生化學物質的影響下，血液成分滲出至血管外並表現在皮膚表面的症狀稱為蕁麻疹。

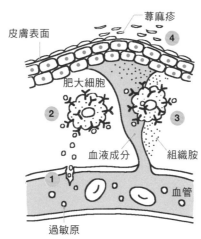

1 血液將消化吸收的過敏原運送至全身。

2 過敏原滲出血管外並附著於肥大細胞的抗體上。

3 肥大細胞釋放組織胺等化學物質。

4 在滲出血液成分的推壓下，皮膚表面浮起塊狀水腫，形成蕁麻疹。

12 有國民病稱號的花粉熱

過敏與免疫②

誘發花粉熱的植物有60多種

花粉熱是指免疫細胞將進入鼻腔內的花粉視為敵人，導致免疫反應過度活躍的狀態。花粉熱也稱為「季節性過敏性鼻炎」，同食物過敏、金屬過敏、氣喘等都是過敏的一種。發病症狀和反應強度同其他過敏一樣會因人而異。

花粉熱的過敏原是花粉成分，從眼睛、鼻腔、喉嚨的黏膜侵入體內而引起。誘發花粉熱的植物並非只有杉木和檜木，還包含白樺、山毛欅、日本榿木、欅木、思茅櫧櫟、豬草、魁蒿等60多種植物，一整年都有花粉四處飛揚。

住在日本的居民每2人中就有1人患有花粉熱

在日本患有花粉熱的人口逐年增加中，能夠明確表示自己並非花粉熱的人僅半數而已。

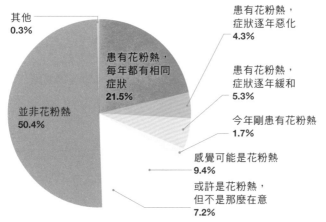

其他
0.3%

患有花粉熱，症狀逐年惡化
4.3%

患有花粉熱，每年都有相同症狀
21.5%

患有花粉熱，症狀逐年緩和
5.3%

並非花粉熱
50.4%

今年剛患有花粉熱
1.7%

感覺可能是花粉熱
9.4%

或許是花粉熱，但不是那麼在意
7.2%

註）調查對象總人數：4700人　調查對象：20〜69歲男女性　對象所在區域：全國　調查方法：線上調查調查對象：47都道府縣各100名（男女性各50名）

出處：「日本健康大調查」2019年8月7日發表（ANGFA股份有限公司）

您知道嗎？

地區花粉和都市花粉不一樣

雖然都市裡沒有太多人工杉木林，但患有杉木花粉熱的人口比例卻很高，這是因為都市裡的花粉附著許多汽機車排放的廢氣等空氣汙染物質，這些物質具有使過敏症狀更加惡化的性質，因此都市裡有杉木花粉熱的人口比較多。

近年來，罹患花粉熱的兒童人數也增加不少。

🦠 成年後容易罹患花粉熱的理由

Th1細胞和Th2細胞2種免疫細胞之間失衡，無法正常反應時就容易誘發花粉熱。通常2C歲過後，隨著免疫力下降，這2種免疫細胞之間逐漸無法維持平衡，導致成年後花粉熱的發生率節節升高。

Th1細胞
製造病原體抗體的細胞。

Th2細胞
製造過敏原（花粉）抗體的細胞。

Th1細胞

Th2細胞

① Th1細胞和Th2細胞互相傳遞訊息且互相抑制對方。

② 二者之間失去平衡，Th2細胞過於活躍時容易出現過敏反應。

🦠 大量花粉四處飛散的時間為白天和夜晚2次

大量花粉四處飛散的時間其實都很固定。在都市區域，空氣隨人來人往流動，因此早上和傍晚時間，花粉最容易四處飛散。而都市以外的區域，空氣容易在傍晚時間因日落氣溫差異而產生流動，所以花粉多半在這個時間點四處飛散。

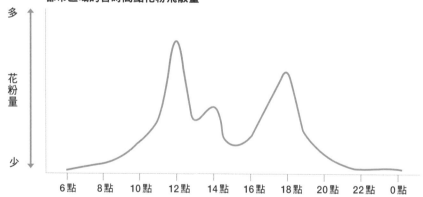

都市區域的各時間點花粉飛散量

多

花粉量

少

6點　8點　10點　12點　14點　16點　18點　20點　22點　0點

出處：花粉熱相關知識（SS製藥股份有限公司官網）

●花粉容易飛散的條件

氣溫高	濕度低	風大時
基於植物習性，花粉容易在溫暖的日子裡四處飛散。尤其下過雨的隔天，氣溫相對較高。	空氣乾燥時，花粉不帶濕氣，即便是遙遠森林裡的花粉，更是容易一路飛向城市。	花粉容易隨風飛散。假設風從山上吹向平地，更容易順勢夾帶大量花粉。

花粉飛散量深受前年夏天氣溫的影響。假設前一年是冷夏，花粉飛散量相對較少。

遠距辦公增加了虛寒症的發生

虛寒症並非體質
而是身體症狀

虛寒症並不是疾病名稱，而是一種身體不適症狀，但千萬不能將虛寒症視為體質問題而輕忽。

虛寒症會引起各種身體不適症狀，像是血液和淋巴循環不良導致水腫，抑或是老舊廢物堆積造成肩頸僵硬等。引起虛寒症的最大原因是肌肉量不足。肌肉具有透過新陳代謝以製造熱量、促進血液循環等功能，一旦肌肉量不足，全身血液循環跟著變差。

近年來有虛寒症問題的人日益增加，原因之一就是遠距辦公。少了明確的啟動‧關閉切換，導致自律神經紊亂，另外缺乏運動也可能引發虛寒症問題。

虛寒症的症狀

有虛寒症問題的人容易因為手腳冷冰冰而睡不著，即便提高室溫，手腳依舊冰涼。虛寒症的人除了手和腳，其他身體部位也會出現不適症狀。

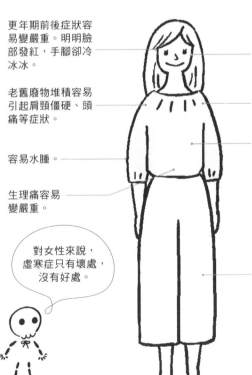

更年期前後症狀容易變嚴重。明明臉部發紅，手腳卻冷冰冰。

老舊廢物堆積容易引起肩頸僵硬、頭痛等症狀。

容易水腫。

生理痛容易變嚴重。

對女性來說，虛寒症只有壞處，沒有好處。

血液循環不良，皮膚無法代謝更新，容易出現鬆弛、皺紋、斑點等問題。

好發於20～30歲女性。

血液和淋巴液循環變差，容易感到疲勞。可能伴隨眩暈和起身頭暈等現象。

肌肉量少的人容易有虛寒症問題，不見得只發生在體型偏瘦的人身上。有虛寒症問題，減重效果通常也不太好。

虛寒症的特徵與對策

虛寒症大致可分為4種類型,各自需要採取的解決對策也不一樣。

	特徵	對策
四肢末端型	亦即我們平時常說的手腳冰冷。手腳等末端溫度比較低,容易感到肩頸僵硬和頭痛。	不要採取飲食控制的方法來減重,務必充分攝取碳水化合物和蛋白質等營養素。
下半身型	雙手溫暖,但雙腳冰冷。上半身容易出汗。好發於30歲以上的男女性。	長時間坐在辦公桌前容易造成下半身肌肉僵硬,務必適時進行伸展運動,尤其要放鬆臀部肌肉。
內臟型	 手腳和身體表面溫暖,但腹部虛冷。在寒冷環境中,比起末端部位,手臂、大腿、下腹部比較容易感到寒冷。	讓身體適度降溫,避免大量流汗、飲食過量。養成飲用40~50℃溫水的習慣。
全身型	一整年都很虛寒,所以多半沒有自覺症狀。平時體溫較低,容易疲累且沒精神。	維持規律的生活,攝取營養均衡的飲食,要有充足的睡眠且適度運動。採用多層次穿衣法,確實幫身體保暖。

您知道嗎?

男性中有虛寒症問題的人數逐漸增加

肌肉代謝使體內產生熱量。也就是說,肌肉量愈高,產生的熱量愈多;相反的,肌肉量低,體內愈難產生熱量。由於遠距辦公的關係,不少男性的肌肉量因此下降,導致這幾年有虛寒症問題的男性急遽增加。

您知道嗎?

虛寒症和低體溫症不一樣

虛寒症是指無論體溫高低的情況下,身體感到寒冷不舒服的狀態。另一方面,低體溫症是指身體核心溫度低於35℃以下的狀態。在低氣溫的環境下,促使體溫升高的代謝速度趕不上體溫下降的速度而引起,這會造成體內各種臟器無法正常運作,甚至有生命危險。

約4成的人為慢性頭痛所苦

明明未罹患任何疾病，卻有惱人的慢性頭痛

近年來，在15歲以上的人群中，約有4成的人深受慢性頭痛所苦。沒有任何基礎疾病但卻頻繁出現頭痛症狀，因此常被認為只是輕微的身體不適。然而一旦出現頭痛症狀，可能會因為疼痛強烈而無法工作或做家事。

慢性頭痛中最常見的是緊縮型頭痛：因身體壓力或是精神壓力導致的肩頸僵硬、長時間維持相同姿勢所引起的。常見於女性的偏頭痛則是因為氣壓、氣溫變化造成血管擴張或自律神經紊亂，容易發生在腦神經較為敏感的人身上。另一方面，叢發性頭痛則好發於男性。

慢性頭痛的機轉與注意事項

慢性頭痛大致分為3種類型。

緊縮型頭痛

【症狀】
從頸部後側到頭枕部，有種被緊緊捆綁的疼痛感。這類疼痛通常伴隨肩頸僵硬，疼痛一陣一陣來襲。

【對策】
・想辦法消除壓力。
・隨時多活動身體，放鬆肩膀和頸部。
・溫熱僵硬部位。

偏頭痛

【症狀】
頭部單側或雙側有脈搏跳動般的刺痛，通常伴隨噁心的感覺。一旦頭痛發作，持續數小時～數天。

【對策】
・要有規律的生活。
・想辦法消除壓力。
・冷貼布能有效緩解疼痛。有時咖啡因也有助於緩和疼痛。

叢發性頭痛

【症狀】
頭部單側或眼眶周圍有挖掘般的劇痛。可能持續1個月，通常在特定時間發作。好發於事業心旺盛的壯年期男性。

【對策】
・減少酒精攝取量。
・常發生於血管擴張的場合，因此泡澡時務必多加留意。

約40%的人有頭痛問題

15歲以上的日本人，約有40%的人深受慢性頭痛之苦，有將近840萬人有偏頭痛的問題。

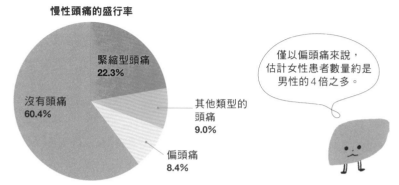

慢性頭痛的盛行率

緊縮型頭痛
22.3%

沒有頭痛
60.4%

其他類型的
頭痛
9.0%

偏頭痛
8.4%

僅以偏頭痛來說，
估計女性患者數量約是
男性的4倍之多。

註）針對全國15歲以上約4萬人進行電話訪問，再依人口普查的人口分布，篩選性別、年齡、區域皆符合的4029人，詢問調查頭痛相關經驗。
出處：Sakai F, Igarashi H. Cephalalgia. 1997；17 (1): 15-22.

氣象病與氣壓的關係

隨著近年來氣象劇烈變化，為氣象病這種身心不適感到苦惱的人逐漸增加。所謂氣象病是指因氣溫、氣壓、濕度等氣象因素改變，導致身心產生各種不適症狀的通稱。其中影響力最大的是氣壓變化。

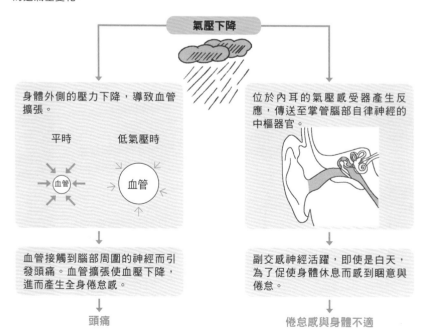

氣壓下降

身體外側的壓力下降，導致血管擴張。

平時　　　低氣壓時

血管　　　血管

血管接觸到腦部周圍的神經而引發頭痛。血管擴張使血壓下降，進而產生全身倦怠感。

頭痛

位於內耳的氣壓感受器產生反應，傳送至掌管腦部自律神經的中樞器官。

副交感神經活躍，即使是白天，為了促使身體休息而感到睏意與倦怠。

倦怠感與身體不適

15

為什麼會出現肩頸僵硬、腰痛？

即使沒做什麼事，肩膀和腰部仍要承受負荷

無論輕重，最令人感到困擾的就是肩頸僵硬和腰痛問題。

肩頸僵硬是指頸根部至肩膀、背部一帶的肌肉僵硬緊繃的狀態。從起床開始，這些肌肉必須一整天支撐大約4公斤重的頭部，即使不用力，負荷依舊持續施加於肌肉上。基於這個緣故，肌力差的人容易產生肩頸僵硬的問題。情況嚴重時，除了肩頸疼痛，甚至可能伴隨噁心和頭痛現象。

腰痛則是腰部周圍的肌肉緊繃或某些因素誘發疼痛的狀態。自起床後，腰部是支撐上半身的地基，同肩膀一樣必須承受巨大負荷，因此容易誘發疼痛。

與肩頸僵硬有關的肌肉

持續頸部和背部緊繃的姿勢時，頸肩背持續承受壓力，一旦肌肉過度緊繃且血液循環不順暢，容易引發肩頸僵硬。

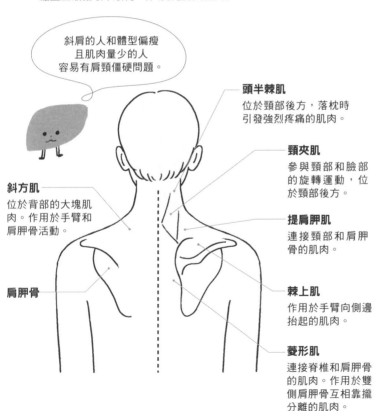

斜肩的人和體型偏瘦且肌肉量少的人容易有肩頸僵硬問題。

頭半棘肌
位於頸部後方，落枕時引發強烈疼痛的肌肉。

頸夾肌
參與頸部和臉部的旋轉運動，位於頸部後方。

提肩胛肌
連接頸部和肩胛骨的肌肉。

棘上肌
作用於手臂向側邊抬起的肌肉。

菱形肌
連接脊椎和肩胛骨的肌肉。作用於雙側肩胛骨互相靠攏分離的肌肉。

斜方肌
位於背部的大塊肌肉。作用於手臂和肩胛骨活動。

肩胛骨

85%的腰痛原因不明

腰痛患者中近乎85%都沒有明確的誘發原因。清楚可知的原因之一是腰椎椎間盤突出,好發於20~40歲,尤其男性比例較高。

●何謂椎間盤突出

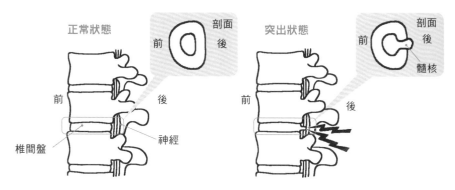

椎間盤突出是指位於椎間盤中間的組織(髓核)向外突出的病症。
髓核進一步壓迫神經時容易誘發強烈疼痛。

骨盆歪斜引發腰痛

骨盆是支撐身體的重要部位,肌力不足或姿勢不良導致骨盆無法維持在正常位置時,可能因此誘發腰痛。

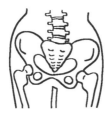

骨盆扭轉
總是向同個方向蹺腳等歪一邊的姿勢導致骨盆向左或向右歪斜的狀態。身體朝承受負荷的一邊傾斜,容易誘發單側腰痛。

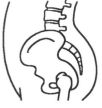

骨盆向前傾
骨盆向前傾斜,腰部呈反折狀態。腰部承載負荷使肌肉持續處於緊繃狀態,進一步造成血流不順暢而誘發腰痛。

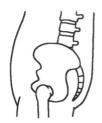

骨盆向後傾
骨盆向後傾斜,呈駝背姿勢。腹肌難以支撐上半身,導致負荷過度施加於腰部而引起腰痛。

浮腫是因為
血液滲出多餘的水分

相信很多人曾經因為前一天飲酒過量，或者一整天站著工作而出現腳部水腫現象。從醫學角度來說，水腫就是「浮腫」，意指皮膚或皮下組織有過多體液積聚的狀態。血液中的水分異常滲出至血管外而引起。多數情況是疲勞或肌肉退化無力引起浮腫。回流至心臟的靜脈血受到阻礙，導致靜脈內壓力上升，水分便從血管內滲出。由於沒有明顯的疼痛症狀，往往容易遭人忽視，但浮腫情況持續多天或浮腫變嚴重，極可能是潛藏的心臟、肝臟、腎臟等臟器重病引起。

浮腫機轉

疲勞或缺乏運動導致雙腳肌肉無力，連帶造成將血液回送至心臟的幫浦力量減弱，雙腳血液循環不良時，便容易引起浮腫。另一方面，長時間維持相同姿勢也可能造成血液循環不良而引起浮腫。

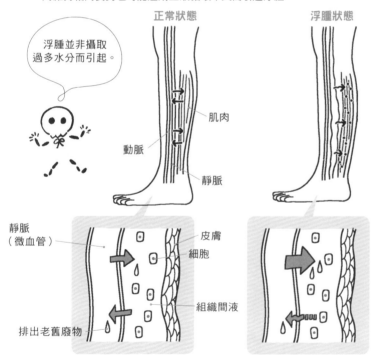

浮腫並非攝取過多水分而引起。

正常狀態　　　　浮腫狀態

肌肉
動脈
靜脈

靜脈
（微血管）　　　　皮膚
　　　　　　　　細胞

　　　　　　　　組織間液

排出老舊廢物

水分與老舊廢物充分於微血管和細胞之間進行交換的狀態。

血流不順暢時，靜脈中的過量水分滲出至細胞間。無法回收細胞的老舊廢物。

潛藏於浮腫中的疾病

應該多加留意的 4 種浮腫情況。

全身性

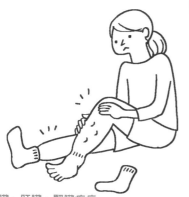

心臟、肝臟、腎臟疾病

用手指按壓後出現凹陷，一段時間未恢復時，要考慮以下情況：心臟功能不佳時，血液循環會變差。肝臟功能不佳時，血液中維持水分恆定的成分會變少。腎臟功能不佳，無法將多餘的水分排出體外。

甲狀腺功能低下症

手指按壓處凹陷且立即恢復原狀。甲狀腺激素分泌減少時，出現強烈畏寒、皮膚乾燥、便祕、體重增加、嗜睡等症狀。

**按壓後
無法立即恢復原狀**

**按壓後
立即恢復原狀**

經濟艙症候群

手指按壓處有部分凹陷、一段時間後也沒有恢復。長時間維持相同姿勢、水分不足導致血液流動不順，一旦在靜脈形成血栓後便容易引起浮腫。最大的特徵是僅單腳出現症狀。

蕁麻疹

如同被蚊蟲叮咬般局部浮腫，手指按壓處凹陷但立即恢復原狀，這種情況可能是過敏反應，也可能是急性皮膚腫脹的「血管性水腫」。

局部性

為什麼男性容易腹瀉，女性容易便祕？

排便不順
是身體發出的警訊

正如糞便是健康狀態的觀察指標，排便型態也是消化功能不良或疲勞的徵兆。男性普遍出現腹瀉情況，而女性則容易有便祕現象。男女性之間的差異可能與性激素的作用和身體結構有關。

腹瀉是大腸無法確實吸收水分，糞便含水量超過90％即是腹瀉。最理想的糞便是含水量70～80％。而另一方面，便祕則是大腸過度吸收水分。3天以上沒有排便，或者糞便太硬不易排出，導致身體產生不適症狀即為便祕。無論男女性，年紀愈大愈容易出現便祕問題。

腹瀉、便祕的機轉

無論腹瀉或便祕，都因大腸功能異常引起。長期慢性腹瀉或便祕則可能是某些疾病造成。

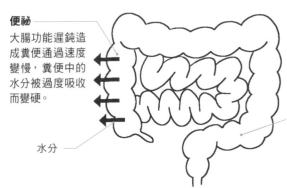

便祕
大腸功能遲鈍造成糞便通過速度變慢，糞便中的水分被過度吸收而變硬。

水分

腹瀉
大腸功能異常造成糞便通過速度過快，無法確實吸收糞便中的水分而引起腹瀉。

●潛藏於腹瀉中的疾病

腸躁症（IBS）
小腸沒有腫瘤或發炎等異常，但腹瀉和便祕等不適持續數個月以上。

潰瘍性結腸炎・克隆氏症
大腸黏膜發炎或潰瘍的難治重大傷病。

大腸憩室炎
腸壁表層凹陷導致糞便無法正常通過。

您知道嗎？

男性經常腹瀉的原因之一
是神經傳導物質

腸道受到刺激或疼痛時，大腦釋放神經傳導物質以緩和疼痛。根據2020年岐阜大學發表的研究報告，該神經傳導物質具有抑制女性大腸蠕動運動的功用，但在男性身上反而會促進大腸的蠕動運動。

女性多便祕的理由

女性的體質相對容易有便祕問題。女性荷爾蒙、肌肉力量不足、婦科毛病和壓力更是容易引起便祕的原因。

女性荷爾蒙
孕激素具有抑制腸道進行蠕動運動的功用，因此黃體期更容易出現便祕現象。

懷孕中
這段期間除了孕激素的作用外，也因為子宮逐漸變大而壓迫腸道。

腹肌力量不足
推出糞便的腸道蠕動運動和排便時出力擠壓都需要使用腹肌力量。

●便祕的種類

器質性便祕	癌症或發炎等腸道疾病造成。
次發性便祕	糖尿病、腦中風等原因造成，腸道本身沒有問題。
藥物性便祕	藥物等副作用造成。
功能性便祕	大腸功能異常造成，並非疾病問題。

功能性便祕	遲緩型便祕	大腸蠕動功能降低，不容易排出糞便。這是最常見的便祕類型，尤其好發於高齡者。
	痙攣型便祕	壓力等因素造成腸蠕動過於激烈。反覆出現腹瀉與便祕。
	直腸型便祕	習慣強忍便意或經常使用浣腸劑，導致直腸對大腦的神經傳導變遲鈍，進而造成便意逐漸減少甚至全失。

腹瀉的類型與原因

根據原因可將腹瀉分為以下3種：

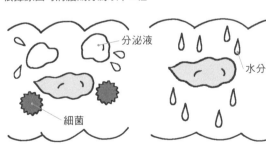
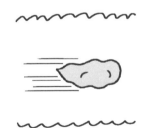

分泌液

水分

細菌

分泌性腹瀉
細菌感染或食物引起過敏反應，黏膜分泌液過量而引起。

滲透性腹瀉
藥物或保健食品的成分造成腸道滲透壓升高，導致無法順利吸收水分而引起。

運動性腹瀉
壓力、虛寒症、暴飲暴食等造成自律神經失衡，促使糞便通過腸道的速度過快，導致腸道來不及吸收水分而引起。

細胞進行分裂 並且聚集修復傷口

受傷是指來自外界的某些因素造成身體組織或臟器受到損害。受傷時之所以能靠自己的力量修復，是因為人體具備自然療癒能力。

以骨折為例，生成新骨的造骨細胞匯聚集至受傷部位，並於血塊中進行修復。另外，皮膚受傷時，從破裂血管中滲出的血液填滿傷口，然後血液中的血小板立即協助血液凝固以形成血栓並附著於傷口上。傷口處的結痂其實就是血栓的一部分。接著傷口周圍的細胞開始進行分裂，形成纖維狀蛋白質以填塞傷口，不久後灰復原狀。

相關內容　結痂：P55

 ### 骨折痊癒的機轉

骨折時骨骼完全恢復原狀的所需天數依部位和年齡而有所不同。另一方面，即便骨骼痊癒，若要恢復至原本的強度則需要更久的修復時間。

1
骨折造成血管破裂而出血。

2
造骨細胞聚集並且填滿縫隙。微血管再生。

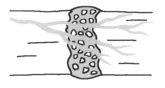

3
形成海綿骨，逐漸增加強度。

4
生成新骨並恢復原本的強度。浮腫現象逐漸消退。

受傷的種類

根據受傷原因，區分為以下幾種類型。針對每一種受傷情況，及早進行適當治療。

切割傷

鋒利器具造成的傷口。不僅皮膚，血管也可能被割傷，這種情況的出血量可能比較多。由於神經和肌肉等組織也可能受損，務必確認損傷程度並進行治療。

皮膚裂傷（撕裂傷）

強大力量壓迫皮膚造成的撕裂傷口。周圍與皮膚深部都可能受損，治療和痊癒需要較長時間。

咬傷

動物撕咬造成的傷口。附著於動物牙齒上的細菌可能引發感染，必須充分洗淨並服用抗生素。

脫臼

受到強大外力衝擊造成關節處相鄰的兩塊骨骼移位且無法活動的狀態。絕大部分的脫臼在發生瞬間，關節便無法活動，外觀上也可能有變形的情況。

扭傷

關節的韌帶或關節囊等組織因過度扭轉等重壓下而受損，甚至斷裂的狀態。落枕、閃到腰也包含在廣義的扭傷中。

擦傷

皮膚表層摩擦受損或擦破的狀態。大部分是淺層傷口，但細小泥沙或塵埃會深入傷口，痊癒後可能留下些許疤痕。

刺傷

尖銳器具刺入身體造成的傷口。假設傷口深，可能造成血管、神經、臟器等受損，需要進行深層組織修復。

燒燙傷（灼傷）

火等高溫物體造成灼傷，或者長時間接觸低溫造成燙傷等。燒燙傷需要立即沖水冷卻，這是為了避免表面的熱度傳導至皮膚深處，進而造成傷口惡化。

骨折

外力撞擊造成骨骼斷裂而失去穩固支撐性的狀態。產生裂縫、凹陷、局部碎裂都算是骨折。

挫傷

被強大外力撞擊或摔落造成的傷害，撞擊力導致皮膚或皮下組織（肌肉、脂肪、血管等）受損，進而引起組織間出血或發炎等狀態。

拉傷

肌肉過度拉扯或激烈伸縮造成肌肉纖維或血管斷裂的狀態。經常發生在小腿和大腿肌肉。

您知道嗎？

舌頭接觸80℃的熱水也不會燙傷的理由

人類無法泡在高達80℃的熱水中，卻能喝下80℃的熱飲。這是因為皮膚表面和口中的熱覺接受器數量不同。口中的熱覺接受器數量只有皮膚表面的¼，因此不容易有熱燙的感覺。

舌頭尖端有較多熱覺接受器，相對容易感覺到熱燙。

就醫時，不曉得該掛哪一科

增加免費諮詢窗口

隨著現代醫療進步，門診科別走入專科化。提高專業性讓大眾能夠更安心接受診療固然是好事，但這也導致大眾就醫時，對於該如何根據症狀選擇正確門診科別感到茫然。為了解決民眾的困惑，各都道府縣增設許多免費諮詢窗口。除此之外，愈來愈多區域也提供緊急求助專線，民眾可以隨時撥打並諮詢就醫的相關事宜。

同樣是發燒，但就診的科別可能不一樣

發燒超過38℃時，就診科別取決於其他的症狀。

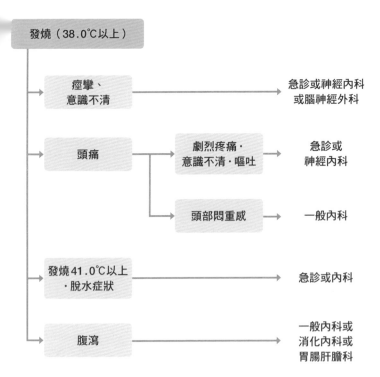

發燒（38.0℃以上）

痙攣、意識不清 ────→ 急診或神經內科或腦神經外科

頭痛 ──┬── 劇烈疼痛·意識不清·嘔吐 ──→ 急診或神經內科

       └── 頭部悶重感 ──→ 一般內科

發燒41.0℃以上·脫水症狀 ────→ 急診或內科

腹瀉 ────→ 一般內科或消化內科或胃腸肝膽科

出處：擷取自「病院いつどこマップ」

門診科別一覽表

現代醫療逐漸走入專科化，門診科別愈分愈專精。厚生勞働省規定允許對外公告（允許醫院或診療所對外公開公告）的門診科別名稱如下表所示。

內科	內科	也稱為一般內科。主要負責感冒或慢性病等。
	呼吸道疾病科	負責呼吸異常、肺部或支氣管疾病。
	心臟血管內科	負責血管和心臟相關疾病。
	消化內科（胃腸肝膽科）	負責腸、胃等消化道相關臟器疾病。
	腎臟內科	負責腎臟相關疾病。
	神經內科	負責失智症等腦神經疾病。
	糖尿病內科（新陳代謝科）	專門診療糖尿病。
	血液腫瘤科	負責白血病・惡性淋巴腫瘤等血液相關疾病。
	過敏科	檢查與診療各種過敏症。
	感染醫學科	專門診療細菌或病毒引起的疾病。
	身心科	負責壓力因素引起身體症狀的疾病。
小兒科	小兒科	兒童內科。提供健康、發育等綜合評估與治療。
	小兒外科	兒童外科。負責15歲以下的兒童手術。
皮膚科	皮膚科	負責手腳、臉部、耳內、鼻內、口內、指甲等全身皮膚相關疾病。
精神科	精神科	負責憂鬱症、焦慮症、思覺失調症等心理疾病（精神疾病）。
外科	外科	一般家庭無法處理的外傷與一般外科手術。
	胸腔外科	主要針對肺癌進行胸腔手術與治療。
	心臟血管外科	針對心臟和主動脈進行手術與治療。
	乳房外科	針對乳癌等乳房問題進行手術與治療。
	氣管食道外科	專門負責吞嚥、發聲等喉嚨功能。
	消化外科（胃腸肝膽外科）	針對消化器官進行手術與治療。
	直腸肛門外科	負責肛門及其周圍組織器官的相關疾病。
骨科	骨科	目標為改善骨骼、肌肉、關節等功能。
	風濕科	針對風濕病進行診斷與治療。
婦產科	婦產科	負責婦科和產科問題。
	產科	針對懷孕和生產的婦女進行檢查與治療。
	婦科	負責不正常出血、子宮肌瘤、子宮頸癌等女性特有疾病。
眼科	眼科	負責眼球相關問題。
耳鼻喉科	耳鼻喉科	負責耳、鼻、喉相關問題。
泌尿科	泌尿科	負責性器官、排尿等相關疾病，以及男性特有臟器的疾病。
腦神經外科	腦神經外科	以外科手術方式診療腦部、脊髓、神經相關疾病。
影像醫學科	放射腫瘤科	進行影像判讀診斷和放射線治療。
麻醉科	麻醉科	手術時為患者施以麻醉，並且於術後進行呼吸與循環系統的管理。
整形外科	整形外科	以改善外觀與功能障礙為目標進行治療。
	美容外科	以改善容貌姿態為目標進行整容手術。
復健科	復健科	協助促使功能和能力的恢復。
病理科	病理科	透過顯微鏡確認患者的細胞與組織，診斷相關病變。
檢驗醫學科	檢驗醫學科	為患者進行專業且完善的身體檢驗。

參考：2009年3月31日　醫政發第0331042號　醫政局長通知「關於可公告門診科別修正」

藥物該何時服用？

服藥的最佳時間因藥物種類而異

藥劑師通常會針對患者需要服用的藥物詳細解說服用時間與服用次數。胃的狀態於飯前、兩餐間、飯後皆不同，藥物發生作用的時間點也不一樣，如果沒有正確服用藥物，不僅效果有所增減，也可能出現副作用。對於沒有明確標示服用時間的藥物，通常建議於飯後服用。

一般而言，藥物發生作用需要15～30分鐘。藥物和食物一樣，必須通過消化器官，經小腸吸收並溶解於血液後運送至全身，然後再經由肝臟分解才能抵達目標部位產生作用。

藥物發生作用的過程

藥物進入體內至發生作用的這段期間，藥物究竟在身體裡發生什麼事？讓我們依照順序來了解一下。

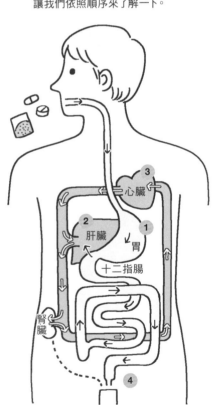

心臟
③
②
肝臟
①
胃
十二指腸
腎臟
④

① 藥物進入口中後，主要在胃裡進行分解，並且由小腸吸收。進入血液後再輸送至肝門靜脈（連接至肝臟的靜脈）。

② 在肝臟進一步分解，減弱藥物毒性。

③ 藥效成分從肝臟進入心臟，透過血液運送至全身。抵達患部的藥效成分開始產生作用。

④ 藥物作用結束後，通過腎臟時形成尿液並排出體外。

何謂飯前、兩餐間、飯後

具體而言，飯前、兩餐間、飯後各是什麼時間？

30分鐘前	20分鐘前	用餐	30分鐘後	2小時後（參考基準）	用餐	30分鐘前	就寢

飯前　　飯後　　兩餐間　　睡前

飯前
吃飯前20~30分鐘左右服用。食慾增進劑、抑制飯後嘔吐的止吐劑等，飯前服用效果比較好。還有避免胃酸干擾的藥物、降血糖的糖尿病藥物等都適合飯前服用。

飯後
飯後30分鐘以內服用。由於飯後胃裡有食物，有助於減少藥物對胃的刺激。不少藥物搭配食物一起服用，吸收效果更好。

兩餐間
吃完飯後2小時左右服用。空腹狀態下服用的吸收效果比較好的藥物，或者保護胃黏膜的藥物等。

睡前
就寢30分鐘前服用。睡眠期間產生作用的藥物，像是瀉藥、安眠藥等。

醫藥品、醫藥部外品的差異

根據藥事法規定，藥物分為醫藥品、醫藥部外品、化妝品。其中醫藥品的分類更是精細。

醫藥品 以治療疾病為目的的藥物。	**醫療用醫藥品**	需要處方箋。	心臟血管、感染症、腦部疾病、精神疾病等的治療藥物
	一般用醫藥品 （非處方藥品） 不需要處方箋。市面上可販售。	**第1類醫藥品** 沒有藥劑師不得販售。	部分胃藥、毛髮專用藥物等
		第2類醫藥品 必須注意藥物副作用。	感冒藥、退燒止痛藥、腸胃藥等
		第3類醫藥品 上記以外的藥物。	維他命、整腸藥等
醫藥部外品 含特定效果的有效成分，對人體的作用相對溫和。著重預防與保健。		藥用牙膏、藥用化妝品、藥用肥皂、藥用洗髮精、沐浴乳等	
化妝品 以清潔和提升外貌美觀為目的。		肥皂、護髮產品、護指產品、化妝品、牙刷等	

您知道嗎？

學名藥是經濟實惠的藥物

新開發的「原廠藥」取得專利權後受到專利法保護，然而專利權只有一定效期。專利權過期後，其他藥廠得以使用相同有效成分製作生產該種藥物，這種藥物稱為學名藥。由於價格降低至一半，不僅個人有能力負擔，亦能降低國民醫療支出，目前學名藥在世界各國愈來愈普及。

日本的學名藥普及率為79%。而美國已經超過90%！

出處：厚生勞働省

至今經歷過最嚴重的傷害與疾病

比起生產，哺乳比想像中還要痛！

懷孕、生產是一生中對身體造成巨大負擔的重大事件。我當時採用自然分娩法，從陣痛→切開會陰→分娩，整個過程痛到不行，但我卻沒有太深的印象，讓我記憶猶新的是哺乳時的乳頭疼痛。每次哺乳都會加深傷口，但又不能塗抹任何藥物，真的非常痛苦。

編輯・上原千穗

罹患乳癌

40多歲時我罹患乳癌。在一年一次的健檢中早期發現，也算是不幸中的大幸。雖然手術、服用抗癌藥物的治療讓我每一天都過得很辛苦，但也因為這個契機，我開始認真面對自己的身體與健康，是一種「因禍得福」的最佳寫照。

作家・菅原嘉子

人生第一次過度換氣而陷入恐慌……

30歲左右時，有一次搭電車突然發生過度換氣的情況。我突然間無法呼吸，然後全身顫抖不已，不僅心臟跳動得很用力，也完全站不起身、無法說話。因為第一次遇到這種情況，整個人陷入無法呼吸的恐慌中，當下以為自己死定了，真的感到非常害怕。

編輯・藤門杏子

從過勞到回歸職場，心理層面的管理一點都不輕鬆

39歲時因看診、寫書、參與電視節目錄製等媒體活動，過於繁忙讓我因過勞而搞壞身體。不僅住院期間接受各項檢查，也努力以回歸職場為目標，調整自己的身心狀況。即便逐步回歸職場，還是難免擔心自己會不會再次突然累倒。那段期間由衷感謝在身邊支持我的家人。

監督編修・工藤孝文

打網球時突然肌肉拉傷……

40歲左右時，練習網球的過程中突然肌肉拉傷。明明每個星期固定練球，卻突然在練習中聽到小腿「啪嚓」一聲，緊接著就辦法走路了。痊癒之前，我每星期認真復健，大概花了3個星期的時間才恢復行走能力。

設計師・春日井智子

小時候曾經遊走死亡邊緣

小學6年級的時候，我從徽漿菌肺炎演變成史蒂芬強生症候群。當時險些喪命，3個多星期沒去學校。當時年紀小，對抗疾病期間並未感到嚴重程度，所以也不太有害怕的感覺，但事後聽家人描述，真的有種慶幸自己還活著的感慨。

作家・入澤宣幸

打造理想中的身體

盲目的健身與減重
對打造理想中的身體是沒有效率的。
為了健康且有效地打造理想中的身體，
先讓我們一起來學習相關的基礎知識吧。

脂肪的附著部位
男女不盡相同

攝取的熱量沒有消耗完而有所剩餘時，轉換成體脂肪並儲存於體內。體脂肪具有重要功能，像是保護身體不受撞擊、保持體溫，是維持生命不可或缺的重要組織，然而儲存過量反而會被判定為肥胖。根據日本肥胖學會所制定的基準，肥胖的判定指標是BMI值超過25。而根據2019年厚生勞働省的調查，被認定為肥胖的男性約33%，女性約22‧3%，男性多於女性。

女性多半屬於體脂肪附著於皮膚下的皮下脂肪肥胖型。體脂肪附著於腸道周圍的內臟脂肪肥胖

何謂肥胖程度的基準 BMI

BMI值是根據體重和身高計算而來。計算方式為全世界共用，但對於肥胖基準的詮釋則由各國自行訂立。

$$BMI = 體重\ \boxed{}\ (kg) \div (身高\ \boxed{}\ (m) \times 身高\ \boxed{}\ (m))$$

BMI值只是
外表體格的
判定指標

●日本肥胖學會制定的肥胖度基準

BMI	18.5未滿	18.5以上 25未滿	25以上
肥胖度	（體重過輕） 消瘦	正常	肥胖

肌肉是脂肪的 1.2 倍重

在相同體積的前提下，肌肉重量約為脂肪的1.2倍。因此就算脂肪多的人看起來比較肥胖，但其實是肌肉發達的人體重比較重。

●體重比較

 <

脂肪多的人　　　　　肌肉多的人

肌肉發達的人，
體重往往比外觀
看起來還要重

2種肥胖類型

肥胖類型主要分成內臟脂肪型和皮下脂肪型。依這2種體脂肪的不同，囤積部位和分解難度也各不相同。

內臟脂肪
前側

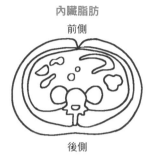

後側

・脂肪囤積於小腸附近。
・腹部圓潤厚實，外觀上有明顯小腹突出現象。
・容易誘發糖尿病、高血壓等慢性病。
・邁入中年後，容易隨著年齡增長而形成內臟脂肪。
・內臟脂肪容易分解且減少。
・多數因缺乏運動或高熱量飲食造成。
・常見於男性身上，但停經後的婦女也容易出現內臟脂肪。

皮下脂肪
前側

後側

・脂肪囤積於皮下組織（皮膚和內臟之間）。
・尤其大腿和臀部較為肥胖。
・容易合併生理期異常、睡眠時呼吸暫停、關節痛等問題。
・和年齡沒有太大關係。
・難以分解，形成後不容易減少。
・肌肉量少的人容易形成皮下脂肪。

蘋果型的肥胖常出現在男性身上。

西洋梨型肥胖常見於女性身上。

●**日本肥胖學會制定的標準體脂率**

男性		女性	
29歲以下	14%以上20%未滿	29歲以下	17%以上24%未滿
30歲以上	17%以上23%未滿	30歲以上	20%以上27%未滿

皮下脂肪具有儲存能量、保持體溫等維持生命的功用，更是生理期、懷孕、生產時不可或缺的重要組織。因此女性通常比男性需要更多體脂肪。

肥胖的原因就是熱量的攝取大於消耗

肥胖是指體脂肪過度囤積，體重增加的狀態。體脂肪囤積的原因是吃太多又缺乏運動，導致熱量過剩所造成的。我們每天從飲食中攝取的熱量如果超過維持生命、活動和運動所消耗掉的熱量時，熱量就會剩餘下來，轉換成體脂肪囤積在體內。這些攝取或消耗掉的熱量以卡路里為單位。卡路里是用來衡量用於大腦和內臟運作、活動身體所需要的熱量。1天所需的卡路里會因年齡、性別、活動量大小而有所不同。

消耗熱量與攝取熱量之間的關係

肥胖的原因其實很簡單，就是吃吃喝喝攝取的熱量大於運動和活動所消耗的熱量。

從食物中獲取的熱量。

攝取熱量 3000卡路里

肥胖

>

消耗熱量 2000卡路里

日常活動或運動所使用的熱量。

攝取的熱量超過消耗的熱量時，剩餘熱量轉換成體脂肪囤積於體內。

攝取熱量 2000卡路里

維持現狀

=

消耗熱量 2000卡路里

攝取的熱量等於消耗的熱量，兩者維持平衡狀態。

攝取熱量 1000卡路里

消瘦

<

消耗熱量 3000卡路里

攝取的熱量少於消耗的熱量，原本蓄積的體脂肪分解成熱量供身體使用。

食物轉化為熱量和脂肪的過程

消化器官從食物中吸收營養素，然後於肝臟分解成能作為熱量使用的物質。這個過程稱「能量代謝」。

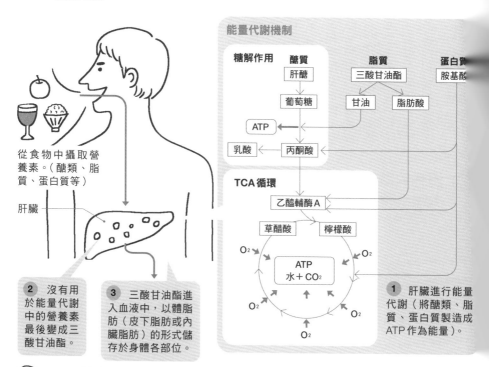

從食物中攝取營養素。（醣類、脂質、蛋白質等）

肝臟

能量代謝機制

糖解作用　醣質　　脂質　　蛋白質

肝醣　　三酸甘油酯　　胺基酸

葡萄糖　　甘油　脂肪酸

ATP

乳酸　　丙酮酸

TCA 循環

乙醯輔酶 A

草醋酸　　檸檬酸

O_2　　　　O_2

ATP 水 + CO_2

O_2　　　　O_2

O_2

2 沒有用於能量代謝中的營養素最後變成三酸甘油酯。

3 三酸甘油酯進入血液中，以體脂肪（皮下脂肪或內臟脂肪）的形式儲存於身體各部位。

1 肝臟進行能量代謝（將醣類、脂質、蛋白質製造成 ATP 作為能量）。

1天所需的熱量參考基準

日本有一套維持營養狀態所需的攝取熱量參考基準。身體活動量是指日常生活中3個階段的活動強度，強度愈高，需要的熱量就愈多。

●估計1天需要的熱量總數（Kcal）

身體活動量	Ⅰ，生活中大部分時間都坐在椅子上，以靜態活動為主。		Ⅱ，以坐著為主，但工作中時而移動時而站著作業或接待客戶。通勤・採買、做家事、輕度運動等也包含在內。		Ⅲ，從事大量移動或站著作業的工作。或者積極從事運動等休閒活動習慣。	
性別	男	女	男	女	男	女
18～29歲	2300	1700	2650	2000	3050	2300
30～49歲	2300	1750	2700	2050	3050	2350
50～64歲	2200	1650	2600	1950	2950	2250
65～74歲	2050	1550	2400	1850	2750	2100
75歲以上	1800	1400	2100	1650	—	—

出處：厚生勞働省健康局健康課營養指導室，2019年

增加日常生活的活動量有助於增加熱量消耗

人體熱量消耗有三大途徑，基礎代謝、攝食產熱效應、身體活動。其中最能夠影響每日熱量消耗，而且透過生活形態與運動習慣得以改變熱量消耗量的是身體活動。

身體活動代謝分為運動，以及從事工作、家事等日常生活活動兩種。近年來日常生活活動的熱量消耗來愈受到關注，透過合理且不勉強的方式增加熱量消耗，像是日常生活中增加站立和走動的時間，不僅有助於熱量消耗，也能預防肥胖和解決缺乏運動的問題。

消耗的熱量中約6成是基礎代謝

仔細觀察人體熱量消耗三大途徑的比例，可以發現基礎代謝占了大部分，但每個人的情況不同，也會因為身體活動程度而有所差異。

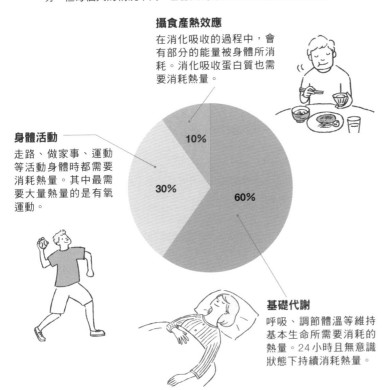

攝食產熱效應
在消化吸收的過程中，會有部分的能量被身體所消耗。消化吸收蛋白質也需要消耗熱量。

身體活動
走路、做家事、運動等活動身體時都需要消耗熱量。其中最需要大量熱量的是有氧運動。

10%

30%

60%

基礎代謝
呼吸、調節體溫等維持基本生命所需要消耗的熱量。24小時且無意識狀態下持續消耗熱量。

出處：e-health net「身體活動與熱量」（厚生勞働省）

代表身體活動強度的 METs

METs（Metabolic equivalents）是種測量活動強度的單位。以1代表平靜狀態下的熱量耗，然後比較各種活動的熱量消耗是平靜狀態下的幾倍。

日常生活活動	METs	運動
・走路（平地、帶幼童散步或遛狗） ・釣魚　　　・打掃、整理家務 ・木工工作　・站著彈吉他 ・裝卸車內貨物　・下樓梯	3.0	・極輕度運動 ・重量訓練（輕・中度） ・保齡球　　・飛盤 ・排球
・拖地　　・使用吸塵器吸地 ・搬運輕型貨物	3.5	・室內體操（輕・中度） ・高爾夫球（使用高爾夫球車）
・地板打蠟　　・打掃浴廁	3.8	・快走（分速94m）
・清潔寵物 ・照護高齡者或身體不便者 ・清理屋頂積雪 ・陪小孩玩（走路、中強度）	4.0	・快走（平地、分速95～100m） ・水中柔軟體操、水中有氧運動 ・桌球　　・太極拳
・庭院拔草　　・餵養家畜 ・種植花草樹木	4.5	・羽毛球 ・高爾夫（自己提球具徒步移動）
・陪小孩玩（跑步、活躍）	5.0	・棒球　　・壘球　　・躲避球 ・陪小孩玩（遊樂設施） ・極快速快走
・除草（使用電動割草機）	5.5	・輕度運動
・移動家具 ・使用剷子除雪	6.0	・重量訓練（高強度） ・爵士舞　　・10分鐘以內的慢跑 ・籃球
	6.5	・有氧運動
	7.0	・慢跑　・足球　・網球 ・游泳（仰泳）　・滑冰　・滑雪
	7.5	・爬山（負重約1～2kg的背包）
・搬運重物 ・走路上樓梯	8.0	・緩慢騎自行車（分速161m） ・跑步（分速134m） ・騎自行車（適當速度）
・搬運家具爬樓梯	9.0	・騎自行車（站著騎乘）
	10.0	・跑步（分速161m）　　・柔道 ・空手道　・踢拳道　　・橄欖球 ・游泳（蛙式、自由式、極快速） ・騎自行車（極快速）
	11.0	・游泳（蝶式）
・跑步上樓梯	15.0	

出處：擷取自國立健康・營養研究所製作的『改訂版「身體活動的 METs 表」』

活著就會消耗熱量

基礎代謝是維持生命（基本生理功能）所需的最低熱量消耗，而基本生理功能包含呼吸、調節體溫、心臟跳動等。簡單來說，只要活著就會消耗熱量，基礎代謝消耗的熱量約占人體1天總消耗熱量的60％左右。身體各部位都會進行基礎代謝，其中基礎代謝量最高的是肌肉，約占基礎代謝量的20％。換句話說，增加肌肉量便能提升基礎代謝量，打造不容易肥胖的身體。另一方面，基礎代謝量隨著年齡增長而下降。因為肌肉等脂肪以外的組織減少，連帶使臟器活動功能衰退。

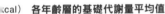

基礎代謝量因性別、年齡、體型而有所不同

基礎代謝量有個人差異，就平均值而言，男性的基礎代謝量在15～17歲時最高，女性則是12～14歲，接下來基礎代謝量會隨著年齡增長而下降。

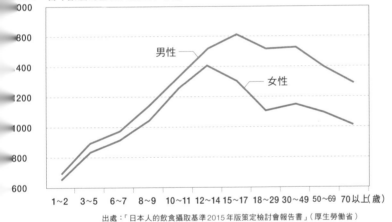

各年齡層的基礎代謝量平均值

出處：「日本人的飲食攝取基準2015年版策定檢討會報告書」（厚生勞働省）

●基礎代謝量的計算方式
基礎代謝量因人而異，透過下列計算公式能夠更精準了解自己的基礎代謝量。

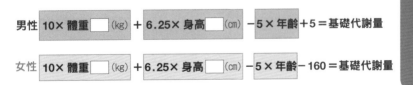

男性 10× 體重 □(kg) + 6.25× 身高 □(cm) −5×年齡+5＝基礎代謝量

女性 10× 體重 □(kg) + 6.25× 身高 □(cm) −5×年齡−160＝基礎代謝量

臟器和組織消耗的熱量各自不同

身體中消耗最多熱量的是骨骼肌（肌肉），約占基礎代謝量的2成。其他像是肝臟、大腦也需要消耗不少熱量。

 您知道嗎？

基礎代謝和新陳代謝不一樣

基礎代謝和新陳代謝這2個詞彙看似很像，但基礎代謝是維持生命所需的最低熱量消耗，而新陳代謝則是指新細胞取代舊細胞的汰舊換新機制。細胞的替換週期因組織而異，例如胃腸組織約5天，心臟組織則大約22天。

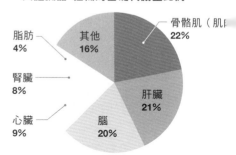

人體臟器·組織的基礎代謝量比例

骨骼肌（肌肉）22%
脂肪 4%
其他 16%
腎臟 8%
心臟 9%
腦 20%
肝臟 21%

出處：厚生勞働省 e-health net「人體臟器·組織於平靜狀態下的代謝」。

提升基礎代謝量

雖然基礎代謝量會隨著年齡增長而下降，但重新審視生活形態有助於提升基礎代謝量。

增加肌肉量

肌肉消耗的熱量約占基礎代謝量的20%。透過運動和鍛鍊肌肉以增加肌肉量，有助於提升基礎代謝。

提高體溫以促進血液循環

透過泡澡、攝取溫熱食物、運動等促進血液循環，體溫每升高1℃，基礎代謝量增加11〜12%。

深呼吸

透過深呼吸攝取更多氧氣，有助於提升熱量消耗效率。另外，腹式呼吸法能夠鍛鍊橫膈膜等深層肌肉。

整頓腸道環境

腸道內生成好菌的短鏈脂肪酸能夠促進腸道蠕動和活化內臟功能，幫助消耗更多熱量。

端正姿勢

端正姿勢能夠促使內臟回到正確位置。當內臟功能運作變好、血液循環順暢，基礎代謝量自然會增加。

提升基礎代謝能讓減重更具效果。

有氧運動和無氧運動的差異

活動肌肉時
是否需要氧氣

運動分為有氧運動和無氧運動2種，各有各的運動效果。有氧運動是指持續施以輕度～中度負荷的運動，例如跑步、走路、游泳等。活動肌肉時消耗大量氧氣，能夠將儲存於體內的脂肪轉換為熱量使用，所以具有減少體脂肪的效果。

無氧運動通常是指短暫且發揮全部或近乎全部肌力的運動，例如短跑、肌力訓練等。活動肌肉時不消耗氧氣，而是利用醣類作為熱量來源，具有提升肌力和基礎代謝量的效果。

無氧運動和有氧運動的差異

比較2種運動的差異。透過均衡且交替進行2種運動，既能減少脂肪，又能增加緊實的肌肉。

無氧運動

深蹲　　舉啞鈴　　短跑　　相撲　　伏地挺身　　等等

需要瞬間爆發力。雖然說是無氧，但並非憋氣不呼吸。用力時吐氣，放鬆時吸氣，運動效果更好。

瞬間施加強大負荷。

主要消耗醣類。

增加肌力，提升基礎代謝量。

快肌

具持久力的慢肌與具爆發力的快肌

組成肌肉的肌纖維分為2種，各具不同特徵。2種肌纖維的數量比例因人而異，但一般來說，出生時已經大致決定了。

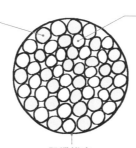

慢肌（紅肌）
- 馬拉松選手擁有發達的慢肌
- 經鍛鍊也不會肥大
- 不容易疲累
- 蓄積大量氧氣
- 不容易隨著年紀增長而衰退
- 天生慢肌多的人擅長耐力運動

快肌（白肌）
- 短跑選手擁有發達的快肌
- 經鍛鍊後肥大
- 容易疲累
- 隨著年紀增長而衰退
- 快肌多的人擅長爆發型的運動

肌纖維束

相關內容　打造肌肉：P176

有氧運動	
運動種類	游泳　跑步　健走　騎自行車　瑜珈　等等
特徵	需要耐力。有時吸入氧氣的方式（呼吸法）有助於提升運動效果。
肌肉使用方式	持續施加輕度負荷。
熱量來源	使用氧氣，主要消耗脂肪。
效果	燃燒脂肪，提升持久力。
使用肌纖維種類	慢肌

分解脂肪
並轉換成熱量

一般常說的脂肪是指剩餘熱量以固體燃料的形式儲存於脂肪細胞裡的團塊。若要再次作為熱量使用，必須先將團塊進行分解。

有氧運動具備分解脂肪的機制，因此能夠將脂肪轉換為熱量使用。

進行有氧運動時，首先大腦需要熱量，於是下指令分泌腎上腺素和正腎上腺素。這些荷爾蒙能活化脂肪分解酵素，透過將脂肪分解成游離脂肪酸和甘油，再轉換成熱量供肌肉使用。

燃燒脂肪的原理

燃燒脂肪是指將體內的三酸甘油酯分解成游離脂肪酸，然後作為運動時的熱量使用。

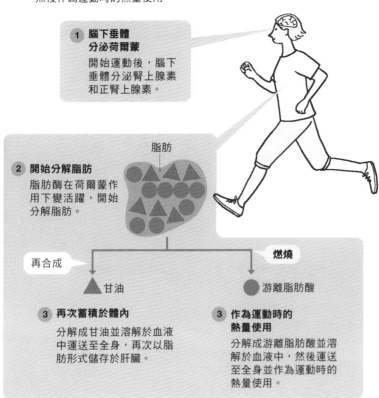

**1 腦下垂體
分泌荷爾蒙**
開始運動後，腦下垂體分泌腎上腺素和正腎上腺素。

脂肪

2 開始分解脂肪
脂肪酶在荷爾蒙作用下變活躍，開始分解脂肪。

再合成

燃燒

▲ 甘油

● 游離脂肪酸

3 再次蓄積於體內
分解成甘油並溶解於血液中運送至全身，再次以脂肪形式儲存於肝臟。

**3 作為運動時的
熱量使用**
分解成游離脂肪酸並溶解於血液中，然後運送至全身並作為運動時的熱量使用。

持續運動超過20分鐘才開始燃燒脂肪

開始運動後，身體利用醣類產生熱量，醣類用完後才開始分解脂肪以產生熱量。因此，若要達到燃燒脂肪大於醣類的目的，必須持續運動超過20分鐘以上。

隨步行時間的熱量供給源變化

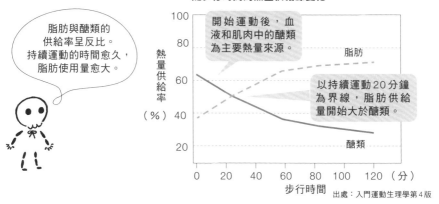

脂肪與醣類的供給率呈反比。持續運動的時間愈久，脂肪使用量愈大。

開始運動後，血液和肌肉中的醣類為主要熱量來源。

以持續運動20分鐘為界線，脂肪供給量開始大於醣類。

熱量供給率（％）

步行時間

出處：入門運動生理學第4版

最有效果的脂肪燃燒為「無氧運動」→「有氧運動」

提高脂肪燃燒效果的最佳方式為先進行無氧運動，然後接著進行有氧運動。

無氧運動 **有氧運動**

脂肪燃燒率 50%

肌肉訓練20分鐘　　　跑步15分鐘

進行20分鐘的無氧運動後，在脂肪燃燒效率逐漸提升的狀態下開始進行有氧運動，這樣的燃燒效率最佳。

有氧運動 **無氧運動**

脂肪燃燒率 20%

跑步20分鐘　　　肌肉訓練15分鐘

無氧運動的主要熱量來源是醣類，運動20分鐘後熱量逐漸不足。這時候生長激素停止分泌，導致脂肪燃燒效果不佳。

如何使肌肉成長

肌肉損傷、修復後逐漸肥大

肌肉成長過程稱為肌肥大，原理分成蛋白質代謝系統和肌纖維再生系統。蛋白質代謝系統是指構成肌肉的材料蛋白質在體內合成的機制，這是日常生活中細胞新陳代謝所產生的正常反應。至於肌纖維再生系統，是指某些因素造成肌肉受損，透過蛋白質等進行修復使肌纖維變粗的機制。

肌力訓練等使肌肉變粗壯，利用的就是肌纖維再生系統的原理，訓練和運動負荷造成肌肉受損，然後再藉由肌纖維修復使肌纖維變粗大。

打造肌肉

將肌肉（骨骼肌）一步一步細分，最終會成為非常細的肌原纖維。這些肌原纖維具備肌肉收縮功能，數量增加時，肌肉逐漸肥大。

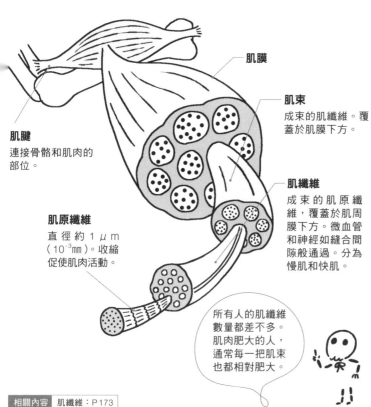

肌膜

肌束
成束的肌纖維。覆蓋於肌膜下方。

肌腱
連接骨骼和肌肉的部位。

肌纖維
成束的肌原纖維，覆蓋於肌周膜下方。微血管和神經如縫合間隙般通過。分為慢肌和快肌。

肌原纖維
直徑約 1 μ m（10^{-3}mm）。收縮促使肌肉活動。

所有人的肌纖維數量都差不多。肌肉肥大的人，通常每一把肌束也都相對肥大。

相關內容　肌纖維：P173

肌肥大原理

肌力訓練使肌肉變粗變強壯，這其實是免疫反應造成。為了讓肌肉能夠承受強大壓力，促使肌肉成長壯大以保護身體。

2 腦下垂體下指令 分泌荷爾蒙

大腦偵測到肌肉承受壓力，下指令分泌生長激素與睪固酮等荷爾蒙，促使肌肉成長。

1 肌肉承受壓力

訓練等使肌肉承受負荷時，發揮強大肌力、肌纖維損傷、乳酸等無氧能量代謝物質蓄積等形成強大壓力。

3 打造肌肉

荷爾蒙作用下，主要從飲食中攝取的蛋白質開始合成肌肉。肌纖維變粗，肌肉逐漸肥大。

肌纖維變粗大的過程

1 運動等施加壓力於肌肉上。

2 肌纖維受損。

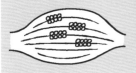

3 蛋白質等修復受損部位。

4 為了避免壓力對身體產生危害，免疫反應進行修復使肌纖維變得更粗大。

受損肌肉透過「超補償」而壯大

為了有效增大肌肉，盡量不要每天進行肌力訓練，最好是一週2次。原理是肌肉的「超補償」效應。

因訓練等承受負荷而受損的肌纖維，大約48～72小時後自行恢復。這段期間若能充分休息並補給營養，肌纖維不僅恢復原狀，甚至變得比之前更強大。相反的，在肌纖維超補償之前又再次施加負荷，恐導致損傷的肌纖維再次受損，沒有足夠的時間充分成長。當感到疲勞或肌肉酸痛，建議不要再勉強運動，這樣才能真正達到肌力訓練的效果。

使肌肉發達的超補償週期

一般而言，「超補償」的週期是訓練後的48～72小時。以這樣的週期時間進行訓練，才能充分達到提升肌力的效果。

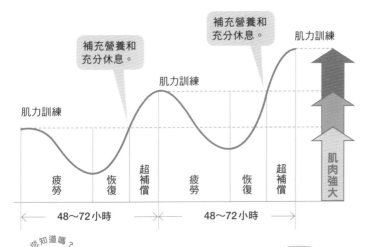

補充營養和充分休息。

補充營養和充分休息。

肌力訓練　肌力訓練　肌力訓練

肌肉強大

疲勞　恢復　超補償　疲勞　恢復　超補償

← 48～72小時 → ← 48～72小時 →

您知道嗎？

建議傍晚進行肌肉訓練？

一般認為肌肉溫熱時進行肌力訓練比較有效果，因此建議在一天中體溫上升的下午2點～6點期間進行肌力訓練。另一方面，也因為傍晚時間促使肌肉壯大的生長激素分泌量較大。然而話說如此，上述方法的效果因人而異，所以並沒有非常明確的最佳鍛鍊時間範圍。

休息太久反而使肌力恢復原始狀態，所以持之以恆的運動非常重要。

依大肌肉→小肌肉的順序

想要有效率地透過肌力訓練以壯大肌肉，訓練順序非常重要。另一方面，肌肉成長後習慣壓力，逐漸感覺不到負荷的情況稱為「習慣化」。

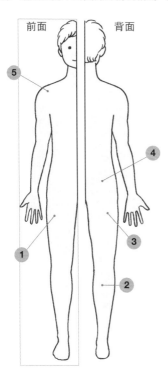

前面　　　背面

●從大肌肉開始鍛鍊比較好的理由

可以同時鍛鍊

大肌肉連接關節和關節周圍的小肌肉，鍛鍊大肌肉的同時能夠鍛鍊到小肌肉。

容易感覺到效果

鍛鍊大肌肉時比較看得到外觀上的變化，也較容易感覺到肌肥大的效果，這在鍛鍊初期極具激勵作用。

●身體的5大肌肉

大塊的肌肉都分佈在下半身，約有70％的肌肉都位於下半身。

1 股四頭肌（大腿前側）

2 小腿三頭肌（小腿肚）

3 膕旁肌群（大腿後側）

4 臀大肌（臀部）

5 三角肌（肩膀）

假設每天鍛鍊肌肉，建議分部位依序進行

「超補償」效應只發生在鍛鍊部位。如果想要每天進行肌力訓練，建議區分休息中的肌肉和鍛鍊中的肌肉。

範例）

第1天　　上半身（前側）…胸部和上臂

↓

第2天　　上半身（背側）…背部和肩膀

↓

第3天　　下半身和軀幹…大腿、臀部、腹部、側腹

除了透過增加啞鈴磅數以提升鍛鍊程度，改變提舉方式和姿勢對肌肉來說也都是新鮮的刺激。

核心和深層肌肉不一樣

深層肌肉位於身體深處，核心則是軀體的肌肉

進行肌力訓練時，我們經常聽到核心和深層肌肉這些名稱，這兩者皆指腹部區域，但實際上完全不同。

體幹是指除了頭部、雙手、雙腳以外的軀體部分，包含腹肌、背肌和胸肌。深層肌肉則是指靠近身體中心部位，無法從外表觸摸得到的肌肉，除了體幹部位、肩膀、手臂、腳等各部位也都有深層肌肉。深層肌肉並非肌肉名稱，也稱為深肌、維持姿勢的肌肉。相對於此，靠近身體表面的肌肉則稱為淺層肌肉，也稱為淺肌。

肌肉分為淺層和深層

肌肉大致分為2種，容易透過肌力訓練加以鍛鍊的淺層肌肉，以及難以自我感受且難以鍛鍊的深層肌肉。

深層肌肉（深肌）
維持姿勢，調節身體平衡，從身體內側支撐內臟。

淺層肌肉（淺肌）
能夠發揮巨大力量，作用於瞬間爆發性動作、大動作、提取重物時。

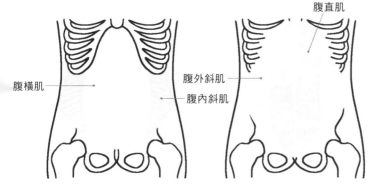

腹直肌

腹橫肌

腹外斜肌
腹內斜肌

您知道嗎？

呼吸能夠鍛鍊到深層肌群

深層肌肉難以透過一般的肌力訓練加以鍛鍊，可多加利用「縮緊腹部」來鍛鍊。縮緊腹部是種簡單的鍛鍊方式，在收緊腹部使其向內凹的狀態下進行呼吸運動，這讓位於腹肌最深層的腹橫肌也能同時進行收縮運動。

鍛鍊深層肌肉的 4 個優點

鍛鍊身體中心的體幹和從內側支撐身體的深層肌肉，對身體活動和健康有非常多好處。

端正姿勢
鍛鍊位於體幹的腹橫肌、多裂肌、橫膈膜、骨盆底肌群，具有確實支撐脊椎骨和穩定身體軸心的效果。

提升基礎代謝量
鍛鍊體幹和深層肌肉能夠提升基礎代謝量，確保無法運動時也能確實消耗大量熱量。

提升運動表現
體幹使身體軸心不容易歪斜，深層肌肉維持骨骼與關節的穩定性，有助於讓身體的活動性更加順暢。

改善體型、體質
鍛鍊圍繞內臟的深層肌肉使內臟恢復至正確位置，避免內臟功能逐漸下降。

鍛鍊深層肌肉的方法

深層肌肉是維持姿勢的肌肉，即便運動負荷小，也能配合深呼吸以維持正確姿勢，這也是鍛鍊的關鍵所在。以下介紹部分範例。

瑜珈
配合腹式呼吸慢慢擺出正確姿勢，透過冥想面對自己的身心靈，達到放鬆和消除壓力的效果。

平衡練習
使用平衡球、平衡板、平衡半球等不穩定的器具，透過維持身體平衡以鍛鍊深層肌肉。

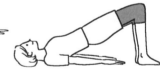

皮拉提斯
進行胸式呼吸的同時在軟墊上運動，或者使用機器進行改善姿勢和身體歪斜的運動。

不僅運動前後，
對日常生活也是好處多多

伸展操是一種有意識地伸展肌肉的柔軟體操。具有擴大關節活動度、提高肌肉柔軟度的效果，而這些效果同時有利於改善健康。

伸展操分為動態和靜態。動態伸展操主要於運動或鍛鍊前進行，如同熱身操的功用，能夠提高運動表現和防止運動傷害。另一方面，靜態伸展操於運動或鍛鍊後進行，具有降溫功用，能夠放鬆緊繃的肌肉和消除疲勞。靜態伸展操另外具有放鬆全身的效果，若能融入日常生活中，將有助於減輕疲勞、改善肩頸僵硬和腰痛等問題。

身體因伸展操而變柔軟的機制

肌肉裡有沿著肌纖維分布的肌梭。肌梭是肌肉的本體感受器，感受肌肉伸展時的疼痛。隨著肌肉反覆伸縮，肌梭敏感度逐漸下降，肌肉得以完全伸展。

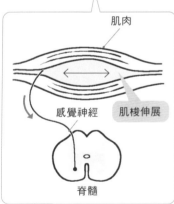

① 肌肉被拉伸時，肌梭隨之伸展，經由感覺神經將訊息傳送至脊髓。

② 為避免過度伸展，脊髓經運動神經傳送收縮指令至肌肉。這個機轉稱為「牽張反射」。

③ 透過反覆的①和②，肌梭敏感度逐漸下降，肌肉暫時性變得容易伸展。

伸展操的種類和效果

伸展操大致分為2種，活動關節又反覆伸縮肌肉的「動態伸展操」，
以及緩慢伸展肌肉的「靜態伸展操」。

靜態伸展操
緩慢地伸展肌肉

動態伸展操
善用動作反作用力的動態伸展

運動後收操	運動前暖身操

提高柔軟度

運動中使用的肌肉處於收縮狀態，若沒有加以放鬆就容易維持緊繃、僵硬。放鬆筋膜和關節有助於恢復至運動前的狀態。

促進肌肉血液循環

促進血液流動以排出囤積於肌肉的乳酸等疲勞物質，不僅能緩和消除疲勞，也可以緩解肌肉痠痛。

活化副交感神經

血管擴張促使副交感神經運作，讓身心處於放鬆狀態。

※過度靜態伸展易導致肌力下降、運動表現變差，所以千萬不要以時間過長的靜態伸展作為運動前的暖身操。

擴大關節活動範圍

擴大關節活動度使動作更加靈活。除此之外，放鬆筋膜和肌肉組織對提升動作的滑順度和避免運動傷害也有幫助。

促進肌肉血液循環

促進血液循環以提升肌肉溫度，能加快神經傳導速度。肌肉溫度每提升1℃，傳導速度就能加快20%。

提高呼吸次數和心跳數

事先提高心肺活動量可以減輕運動時的負擔，避免缺氧情況發生。

泡熱水澡和按摩也是極具效果的收操方式。

肌肉是否有性別上的差異

Man & Woman

質量上沒有差異，
但力量上不一樣

男女性在體格上有顯而易見的差異，肌肉量和肌肉容易生長的部位也截然不同。以日本人為例，男性的肌肉重量約為體重的40％，女性約為35％。男女性之間的肌肉量差異主要是男性荷爾蒙分泌量不同所致。男性荷爾蒙中的睪固酮具有促進肌肥大的功用，而男性的睪固酮分泌量遠遠超過女性，女性的分泌量僅男性的5％。另一方面，男女下半身的肌肉量大致沒有差異，但男性頸部、肩膀、上臂部位的肌肉量明顯多於女性，一般認為這些部位的肌肉存在較多男性荷爾蒙的受體。

🦠 男女性肌肉量的差異

肩膀和上臂等上半身的肌肉，男性明顯多於女性，但下半身的肌肉量，男女性之間沒有太大差異。

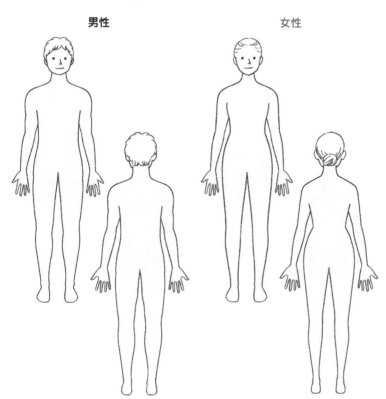

男性　　　　　　　　女性

 男性的肌肉量比較多

肌肉量與肌力成正比，因此男性比女性更擅長搬運重物。儘管肌肉隨年齡增長而衰弱，原本肌肉量較多的男性終其一生都保有多於女性的肌肉量。

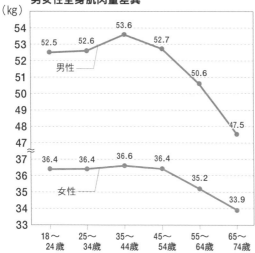

男女性全身肌肉量差異

（kg）

出處：「隨年齡增長的日本人肌肉量變化特徵」（日本老年醫學會）

男性

- 第二性徵期分泌男性荷爾蒙促使_____部周圍的斜方肌和上臂肌逐漸發達
- 40歲後半起肌肉量開始減少。
- 肌肉量的顛峰時期為35～44歲。
- 成年男性肌肉量占體重比例的40%左右。

女性

- 月經週期的荷爾蒙分泌量有所變化，因此分為肌肉發育期的濾泡期和肌肉發育停滯期的黃體期。
- 50歲左右停經後，肌肉量大幅減少。
- 第二性徵期後，肌肉量大致固定不變。
- 成年女性肌肉量占體重比例的35%左右。

出現第二性徵
至14歲左右，
男女性之間的肌肉量
幾乎沒有差異

女性僅分泌少量促使肌肉生長的睪固酮

促使肌肥大的男性荷爾蒙（睪固酮）由男性的睪丸生成並分泌。女性則是由卵巢和腎上腺負責生成與分泌，但分泌量僅男性的5～10%。

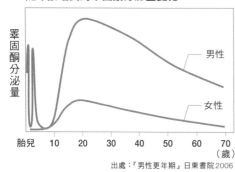

隨年齡增長的睪固酮分泌量變化

出處：『男性更年期』日東書院 2006

你知道嗎？

**無論幾歲
都能提升肌肉力量**

平時若沒有運動習慣的話，肌肉的大小和肌力將於30～40歲左右便會開始走下坡，但只要透過運動與鍛鍊，即便是高齡者也能增加肌肉量與提升肌力。根據東京大學的研究結果，60～70歲的人每週進行2次肌力訓練，持續3個月後大腿肌力增加20%左右。而根據美國學者的研究，即使是80～90歲的高齡者，仍然可以透過鍛鍊來提高肌力。

基本原則為3餐均衡攝取五大營養素

基本飲食為每天規律攝取早餐、午餐、晚餐3餐，而且均衡攝取醣類（碳水化合物）、蛋白質、脂質、維生素、礦物質五大營養素。

三大營養素的醣類、蛋白質、脂質對維持生命和熱量來源來說是非常重要且不可欠缺。醣類是腦和神經細胞的熱量來源，蛋白質是製造肌肉等的重要材料，而脂質則是荷爾蒙和細胞膜的主要成分。每一種營養素之間互相輔助以提高彼此的功能，唯有均衡攝取才能充分發揮彼此的功用。但其中也包含過量攝取會造成危害的營養素。

飲食的基本架構與五大營養素

最理想的一餐基本架構為攝取醣類的「主食」，搭配攝取蛋白質和脂質的「主菜」，以及攝取維生素、礦物質的「配菜」組合。

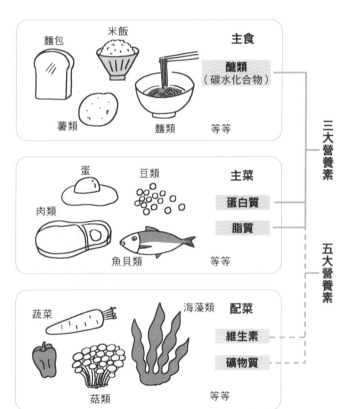

主食
- 麵包
- 米飯
- 薯類
- 麵類　等等

醣類（碳水化合物）

主菜
- 蛋
- 豆類
- 肉類
- 魚貝類　等等

蛋白質
脂質

配菜
- 蔬菜
- 海藻類
- 菇類　等等

維生素
礦物質

三大營養素
五大營養素

五大營養素的功能與特徵

未包含在三大營養素中的維生素和礦物質，因體內幾乎無法自行製造，因此必須從飲食中充分攝取。

	功能	富含該營養素的食物	儲存型態（儲存部位）	攝取不足時…	攝取過量時…
醣類（碳水化合物）	身體活動的能量來源	·米飯 ·小麥 ·薯類 ·水果 ·玉米 等	·肌肉肝醣（肌肉） ·肝臟肝醣（肝臟） ·血糖（血液）	注意力、思考能力、耐力下降。	產生肥胖、糖尿病、動脈硬化等風險。
蛋白質	打造肌肉、皮膚、臟器、腦神經傳導物質等身體構造的材料。預防老化。	·肉類 ·魚貝類 ·蛋 ·乳製品 ·大豆 等	遊離胺基酸池（血液、肌肉等各組織的胺基酸）	肌肉量和骨量減少、皮膚粗糙、貧血、免疫力下降等。	對肝臟和內臟形成負擔，導致功能障礙或體脂肪增加。
脂質	身體活動的能量來源。荷爾蒙的材料與細胞膜的成分。	·肉類脂肪 ·魚貝類脂肪 ·堅果類 ·乳製品 ·食用油 等	·皮下脂肪（皮下組織） ·內臟脂肪（腹部） ·脂肪（血液）	體力和生殖功能下降、頭髮和血管損傷、維生素缺乏症等。	產生肥胖、動脈硬化、心肌梗塞等風險。
維生素	幫助代謝三大營養素。活化身體功能。	·蔬菜 ·水果 ·肝臟 ·豬肉 等		倦怠感、疲勞感、皮膚粗糙、眼睛疲勞、肌力低下等。	引發腸胃、腎臟功能障礙。
礦物質	輔助酵素和荷爾蒙的運作。形成骨骼與牙齒的成分。	·海藻類 ·魚貝類 ·乳製品 ·肝臟 等		骨質疏鬆症、肩頸僵硬、頭痛、貧血等症狀。	提高罹患高血壓和慢性病的風險。

膳食纖維在減重方面也占有一席重要地位。

相關內容　能量代謝：P167

11 低GI食物有利於減重

飯後血糖值上升與胰島素分泌趨於平穩

醣類是重要能量來源，但血液中的醣類急速增加反而提高罹患糖尿病或肥胖的風險。於是人們開始將焦點擺在進食後血糖上升速度的GI值上。GI值愈高的食物，攝取後血糖值上升速度愈快，而且具有增加體脂肪作用的胰島素也會分泌過量。相反的，攝取低GI食物後，血糖值上升速度慢，胰島素分泌也會趨於平穩。用餐時先吃低GI食物也有助於緩和血糖值上升速度。然而GI值因食材的組合與烹調方式而大幅改變，建議不要過於堅持只吃低GI食物。

血糖值上升是肥胖的原因

血糖值飆高時，荷爾蒙的胰島素促使合成脂肪，造成飲食過量。
為了避免這種情況發生，必須穩定控制血糖。

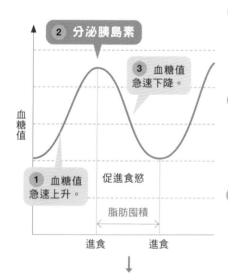

2 分泌胰島素

3 血糖值急速下降。

血糖值

1 血糖值急速上升。

促進食慾

脂肪囤積

進食　進食

↓

為了避免肥胖，
必須控制血糖值的上升幅度。

↓

攝取血糖值
不容易上升的低GI食物。

1 飲食 使血糖值上升
空腹狀態（低血糖）下攝取大量糖分，促使血糖值一口氣飆高。

2 分泌胰島素
血糖上升時，體內分泌胰島素幫忙降低血糖。胰島素促進脂肪合成，造成體脂肪增加。

3 血糖值下降
胰島素作用下使血糖值急速下降，緊接而來的空腹感恐導致飲食過量。

放慢用餐速度
有助於抑制
血糖值的上升速度。

主要食物的 GI 值

GI（Glycemic Index）是指食物進入體內後血糖上升的快慢指數。接下來將為大家介紹一些主要食材的GI值。

	低GI（GI值55以下）	中GI（GI值56～69）	高GI（GI值70以上）
穀類、薯類	玄米、五穀米、蕎麥麵、全麥麵包、裸麥麵包、高纖麥麩	烏龍麵、義大利麵、圓麵包、可頌、烤地瓜、薯條	吐司、法國麵包、玉米片、白米、麻糬、馬鈴薯（水煮）、烤洋芋
蔬菜類	幾乎所有蔬菜	南瓜、玉米（水煮）	紅蘿蔔
水果類	蘋果、葡萄柚、西洋梨、櫻桃、水蜜桃、草莓	西瓜、葡萄、柳橙、鳳梨、香蕉、奇異果、哈密瓜等	葡萄乾
肉類、魚貝類	幾乎所有肉類、魚貝類	竹輪	
蛋、乳製品	起司、無糖優格、奶油、牛奶、蛋等	冰淇淋	煉乳
豆類	油豆腐、豆腐、豆渣、納豆、大豆、毛豆、豆漿、堅果等	紅豆泥、紅豆餡	
甜點類	黑巧克力	爆米花、洋芋片、巧克力、餅乾	砂糖和菓子、蛋糕類、仙貝
調味料	幾乎所有調味料		砂糖類、蜂蜜、楓糖

出處：『筋肉をつくる食事・栄養パーフェクト事典』（Natsumesha股份有限公司）

能迅速補充蛋白質的保健食品

蛋白粉其實就是蛋白質的意思,一般泛指以蛋白質為主要成分的保健食品。保健食品是將特定成分濃縮於錠劑或膠囊裡的食品。如同胺基酸補充劑,蛋白粉也是保健食品的一種。

蛋白粉的成分包含從牛奶提取蛋白質的乳清蛋白和酪蛋白、從大豆萃取的大豆蛋白3種。服用蛋白質的乳清蛋白和酪蛋白、從胺基酸補充劑能夠攝取蛋白質最小單位的胺基酸,能夠補充肌力鍛鍊或運動時大量消耗的必需胺基酸。

保健食品的優點

保健食品不僅方便攝取營養素,還有其他各種優點。

能夠迅速攝取
多數保健食品都製作成錠劑或膠囊,方便在任何時間或場所服用。

只補充所需營養素
只針對缺乏的營養素和需要增加的營養素進行攝取。

不會額外攝取多餘的卡路里
服用保健食品只會攝取所需的營養素,不會額外攝取過多糖分和脂質。

消化吸收快
比食物更能快速消化與吸收,所以身體疲勞時能夠迅速補充所需營養素。

蛋白粉和胺基酸補充劑的區別

蛋白粉和胺基酸補充劑都是保健食品,但攝取目的不一樣。唯有充分了解各自的效果,並且在適當時機服用才能發揮最大功效。

	蛋白粉	胺基酸補充劑
蛋白質分量	多	少量（因商品而異）
攝取目的	攝取蛋白質	迅速補充必需胺基酸
效果	肌肥大的材料	抑制肌肉分解、消除疲勞、促進肌肥大
消化吸收	1～8小時	約30分鐘
攝取時機	・開始進行鍛鍊的1小時前 ・鍛鍊結束的1小時前（長時間鍛鍊的情況） ・鍛鍊結束後立即補充等	・開始進行鍛鍊的30分鐘前 ・鍛鍊結束的30分鐘前 ・起床後立即補充 ・鍛鍊過程中等（因商品而異）

蛋白粉的種類

蛋白粉的種類大致分為3種，最常見的是乳清蛋白。
蛋白質含量皆70～90%，但根據商品而略有不同。

	乳清蛋白	酪蛋白	大豆蛋白
特徵	富含打造肌肉的能量來源，即必需胺基酸BCAA。消化吸收效率佳。	預防肌肉分解。能夠長時間持續，但容易因為胃酸而凝固。	提高基礎代謝率。能有效降低膽固醇和三酸甘油酯。
消化、吸收時間	1～2小時	6～8小時	5～7小時
攝取時機	運動前後、起床後	起床後、睡前	起床後、睡前
原料來源	動物性蛋白質（牛奶）的20%左右	動物性蛋白質（牛奶）的80%左右	植物性蛋白質（大豆）
建議這些人服用	想壯大肌肉的人，或者想增強肌力的人。	想緩和肌肉疲勞和提高恢復力的人。	想維持曼妙身材而減重的人、無法喝牛奶的人。

胺基酸補充劑的種類

胺基酸補充劑分為必需胺基酸和非必需胺基酸。絕大多數的綜合胺基酸補充劑都是必需胺基酸搭配特定胺基酸的組合。

必需胺基酸（EAA）

體內難以自行製造的胺基酸。必須透過飲食或補充劑加以補充。

- 離胺酸
- 甲硫胺酸
- 苯丙胺酸
- 蘇胺酸
- 組胺酸

等等

支鏈胺基酸（BCAA）

- 纈胺酸
- 白胺酸
- 異白胺酸

非必需胺基酸

體內能夠自行製造的胺基酸。

- 丙胺酸
- 麩胺酸
- 精胺酸
- 甘胺酸
- 天門冬胺酸
- 脯胺酸
- 絲胺酸
- 半胱胺酸

等等

永久除毛是一種醫療行為

永久除毛是去除身體多餘毛髮的其中一種方式。永久除毛其實是一種醫療行為，透過雷射破壞毛根，使毛髮無法再生的狀態。

雖然名為「永久」，但根據美國電氣除毛協會（AEA）的定義，除毛結束的1個月後，毛髮再生率低於20％即為永久除毛。

另一方面，毛髮染色中最常見的是利用染劑使毛髮內部產生化學反應的染髮。其他還有分解黑色素以淡化毛髮顏色的漂髮，以及染料只塗抹於頭髮表面的暫時染。

醫療雷射除毛的原理

醫療雷射除毛是指透過特殊雷射讓毛髮中的黑色素吸收光能轉換為熱能，藉此破壞毛髮的生長結構，使其永久長不出新毛髮（除毛）的手術。

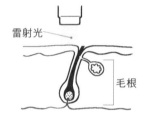

雷射光
毛根

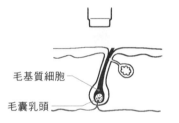

毛基質細胞
毛囊乳頭

1 照雷射光
將雷射光照在剃掉毛髮的肌膚上，黑色素吸收光能並轉換為熱能集中於毛髮上。

2 破壞毛基質細胞
熱能破壞毛根組織（毛囊乳頭、毛基質細胞）。

3 毛髮脫落
毛根組織受到破壞，1～2週後毛髮脫落。

4 毛根組織壞死，無法再生
被破壞的組織無法再生，毛髮不再生長。

染髮、漂髮、暫時染的差異

將頭髮染成各種顏色的方法很多，顏色顯現程度、顏色持久性、對髮質的傷害也會根據使用方法而有所不同。另外還有利用特殊洗髮精或髮膠等讓頭髮褪色的方式。

	頭髮剖面示意圖	特徵
染髮	黑色素／染劑深入頭髮內部	保留黑色素狀態下，讓染劑深入頭髮內部，髮色持久性佳，但也因為黑色素未遭到破壞，難以表現金髮等較為明亮的顏色。
漂髮	分解黑色素使其脫色	先將頭髮內部的黑色素去除，讓頭髮顏色變淺，接著輔以染劑上色。比較能夠表現金髮等鮮豔明亮的顏色。由於染劑深達頭髮內部，髮質容易受損。
暫時染	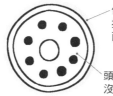僅將染劑塗抹於頭髮表面使其上色／頭髮內部沒有變化	僅將染劑塗抹於頭髮表面，比較不容易傷害髮質。雖然能夠達到挑染效果，卻也容易褪色。

燙髮的原理

燙過的頭髮即便淋濕，依舊能夠維持波浪形狀、捲曲度或直髮狀態。燙髮是一種利用「雙硫鍵」結構以維持毛髮強度與彈性的專門技術。

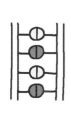 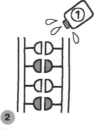 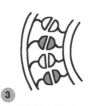 

1 燙髮之前，毛髮中有兩個半胱胺酸（胺基酸的一種）連結成胱胺酸所形成的雙硫鍵結構。

2 使用燙髮藥劑（第一劑）先破壞雙硫鍵。

3 將髮片捲上髮捲，塑造想要的波浪和捲曲度。直髮燙則是將頭髮弄直。

4 再次使用燙髮藥劑（第二劑），在新的捲曲位置重建雙硫鍵。

只有年輕人會長青春痘嗎？

青春痘和面皰的致病菌是一樣的

我們一般常說的青春痘，是最常見的皮膚病。因毛根部的毛囊和皮脂腺發炎而引起，好發於臉部、胸部和背部等部位。由於青春期皮脂分泌旺盛導致毛孔容易阻塞，因此青春痘好發於青少年，直到20歲左右，發病頻率才逐漸減少。

青春期過後出現的突起物一般稱為面皰，症狀類似青春痘，由同一種細菌引起的皮膚病。發生原因通常包含不規律的生活、壓力、自律神經或荷爾蒙失調等。面皰多半在同一部位復發，而且頑強不容易治癒。

形成青春痘的過程

最初的誘發契機是毛孔阻塞。毛孔一旦堵塞，痤瘡桿菌等細菌不斷繁殖增生並進一步引起發炎，這就是青春痘。

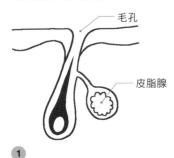

1
毛孔深處有負責分泌皮脂的皮脂腺，正常情況下皮脂腺分泌適量皮脂並經毛孔排至皮膚表面。

2
老舊角質和皮脂塊等堆積在皮膚表面，進而堵塞毛孔。

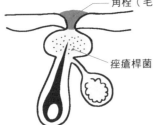

3
毛孔阻塞後，皮膚表面下方的皮脂不斷堆積，促使以皮脂為營養來源的痤瘡桿菌持續繁殖增生。

4
體內免疫系統對增生的痤瘡桿菌產生反應，進而引起皮膚發炎，導致毛孔外側向上腫脹突起。

青春痘與面皰的差異

青春痘與面皰的致病細菌、症狀其實相同，但發生部位和伴隨年齡出現的身體狀況並不一樣，需要採取的對策也各自不同。

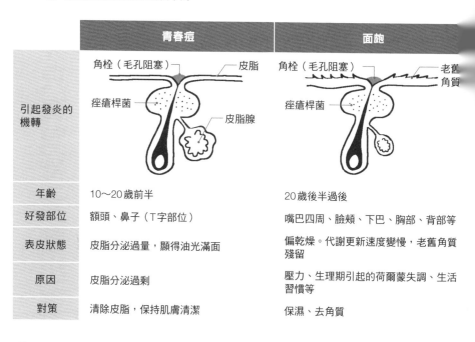

	青春痘	面皰
引起發炎的機轉	角栓（毛孔阻塞）／皮脂／痤瘡桿菌／皮脂腺	角栓（毛孔阻塞）／老舊角質／痤瘡桿菌
年齡	10～20歲前半	20歲後半過後
好發部位	額頭、鼻子（T字部位）	嘴巴四周、臉頰、下巴、胸部、背部等
表皮狀態	皮脂分泌過量，顯得油光滿面	偏乾燥。代謝更新速度變慢，老舊角質殘留
原因	皮脂分泌過剩	壓力、生理期引起的荷爾蒙失調、生活習慣等
對策	清除皮脂，保持肌膚清潔	保濕、去角質

乾性肌膚的種類

一般人聽到乾性肌膚，普遍認為是表面乾燥不光滑的皮膚。然而有時表面看似油性肌膚，但其實皮膚內部乾燥缺水，這種乾性肌膚狀態稱為「乾燥型油性肌膚」。

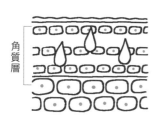

滋潤肌膚

角質層內的水分和油脂保持在適當比例。

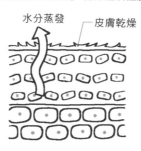

乾性肌膚

油脂不足導致細胞受到破壞，水分容易蒸發，結果造成水分和油脂雙雙不足。

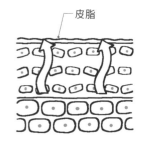

乾燥型油性肌膚（混合性肌膚）

角質層細胞受到破壞，為了防止水分蒸發（乾燥），皮脂腺分泌皮脂，結果造成只有皮膚內部缺乏水分。

並非只有男性才會出現掉髮現象

局部性掉髮是男性
整體性掉髮是女性

一般認為掉髮是男性特有的症狀，但這種現象也會出現在女性身上。紊亂的生活、失衡的飲食都可能造成掉髮，然而造成掉髮的關鍵在於荷爾蒙，也就是說掉髮的速度和症狀都取決於荷爾蒙。

大多數的男性之所以出現掉髮是因為二氫睪固酮降低了促進頭髮生長的毛基質細胞的功能，導致特定部位的頭髮容易脫落。而女性的掉髮原因則是跟荷爾蒙失調有關。雖然特定部位的掉髮情況較為少見，但頭髮整體變細、數量減少，導致整體髮量縮減，甚至使頭皮露出的情況則更為常

掉髮是指頭髮密度降低

頭髮密度是指一定面積上所生長的頭髮數量，數量因人而異。
頭髮密度降低的主要有3個原因：

頭髮變細
頭髮總數沒有改變，但髮絲變細了，導致密度降低。

頭髮數量減少
從每個毛孔長出來的頭髮數量變少，導致密度降低。

長不出頭髮
毛根衰弱，長不出新的頭髮。

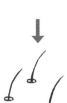

毛根不會輕易死亡

頭髮變稀疏並非毛根長不出頭髮，畢竟毛根不會輕易喪失功能，仍舊會持續長出細小的毛髮。但這些細小的毛髮容易脫落或是無法長大變粗，這才是造成頭髮稀疏的關鍵。

「AGA」的種類與對策

AGA是雄性基因禿的意思。AGA有各種類型，進展的速度和臨床表現因人而異。以英文字母的形狀來表現，大致分為以下3種。

	M字形	O字形	U字形
特徵	前額髮際線逐漸向後退，從頭頂上方看時，頭髮呈M字形。自己能夠確認落髮程度。	額頭到頭頂部的頭髮逐漸稀疏，從頭頂上方看時，頭髮呈O字形。自身多半難以察覺。	O字形落髮持續進展，整個額頭的髮際線大幅向後退，從頭頂上方看時，頭髮呈U字形。看得見大範圍的頭皮。
對策	原因之一是過度使用雙眼，導致前額部血液循環不良。進展程度比其他種類的落髮慢，最重要的是盡量避免眼睛疲勞。	頭頂部的血管數量不多，血液流動相對較差且營養不容易送達。可以服用促進血液循環的敏諾西代治療藥物，最重要的是保持頭皮與頭髮的清潔。	原因包含生活習慣差、睡眠不足、壓力等自律神經失調等。首要之務是重新審視生活習慣並加以改善。

女性是整體漸進時的進展

相較於男性是某特定部位的頭髮逐漸變稀疏，女性則是整體髮量漸漸變少。

牽引性脫髮症
頭髮被經常拉扯，導致毛根逐漸萎縮，頭髮脫落使整體髮量變稀疏。可能是因為綁馬尾等長時間拉扯頭髮而引起。

分娩後脫髮症（產後脫髮症）
懷孕期間在女性荷爾蒙（雌激素）作用下，頭髮不易脫落，但分娩後雌激素分泌減少，因此產後容易出現落髮現象。

整體髮量變稀疏，頭髮分線或髮旋變得更加明顯。

女性型落髮（瀰漫性掉髮）
雌激素分泌驟降的更年期前後，整體髮量逐漸減少。

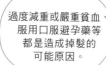

過度減重或嚴重貧血、服用口服避孕藥等都是造成掉髮的可能原因。

過往的減重經驗

使用各種方法成功減重 25kg

基於患者本身的體驗,構思具醫學根據的減重方法,本身也親自嘗試。詳細解說可能需要不少時間,但總結來說,我嘗試各種減重方法,並且成功減重25kg。我將個人經驗撰寫成書,請大家務必參考看看。

監督編修·工藤孝文

適度減重最為有效

從年輕的時候開始試過各種減重方式,其中最有效的只有一種!那就是「適量飲食和適度運動」。因為體重年年增加,我開始採取以無糖蒟蒻麵為主食,並且充分咀嚼後再吞嚥的對策。平常做家事或外出,盡量讓身體多一些活動機會,感覺身體確實在消耗卡路里。

作家·菅原嘉子

肌力訓練減重 12kg

我通常會定期刻意增減體重以提高減重動力。增減幅度最大的一次是12kg。因新冠肺炎期間幾乎足不出戶導致體重飆升,之後透過肌力訓練慢慢減少脂肪。在那之後也沒有出現體重反彈現象。

銷售·小山步

飲食控制和運動 1 個月減重 5kg

舉行結婚典禮前確實執行減重計畫。完全不攝取碳水化合物,回家時持續走路2小時,1個月瘦了5kg左右。因為這樣的關係,導致結婚禮服變得有些寬鬆。

編輯·上原千穗

頻繁測量體重

其實也稱不上減重,但我經常測量體重,盡量讓自己的體重不要超過某個程度。而下巴鬆弛是我為自己設定的肥胖指標。

業務員·酒井清貴

平時照鏡子確認體型變化

沒有減重經驗,但稍微胖一些時容易感到身體疲累,所以平時經常照鏡子確認身體狀況,盡量避免身材走鐘。

編輯·藤門杏子

心理與身體的關係

為什麼心理壓力以身體不適的方式表現出來？

這全是自律神經和荷爾蒙搞的鬼。

澈底了解身體不舒服的原因，

不僅能確實掌握管理自己，

也能以寬容的心對待他人。

「心理」是大腦運作下的一種求生功能

人的心理由理性、情緒、意志3個部分組成，這是哲學家康德所提倡的定義，但本書只將「心理」定位在情緒上。

簡單來說，心理是大腦邊緣系統針對外來的情緒和刺激進行「好」與「壞」的評估，然後再傳達給身體。對生物而言，這是一項非常重要的求生功能，然而儘管心理進行好壞之評估，但由於沒有具體的形態，從外觀上也看不出來。因此心理狀態會透過行為、表情變化、身體反應（自律神經反應、內分泌反應）表現出來。

「心理」源自於大腦的機轉

其實這世界上根本不存在心理這種東西，一般認為這是大腦邊緣系統和大腦新皮質之間的複雜作用下出現的產物。

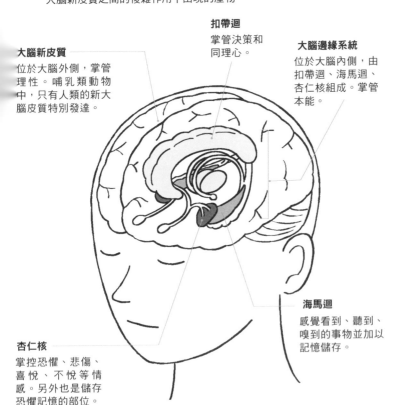

大腦新皮質
位於大腦外側，掌管理性。哺乳類動物中，只有人類的新大腦皮質特別發達。

扣帶迴
掌管決策和同理心。

大腦邊緣系統
位於大腦內側，由扣帶迴、海馬迴、杏仁核組成。掌管本能。

海馬迴
感覺看到、聽到、嗅到的事物並加以記憶儲存。

杏仁核
掌控恐懼、悲傷、喜悅、不悅等情感。另外也是儲存恐懼記憶的部位。

心理以各種形式表現於身體上

經由視覺、聽覺受到外界刺激時，大腦針對刺激進行喜悅·不悅的判斷，而身體狀態和行為根據判斷產生變化。

行為變化

- 逃跑
- 大聲叫
- 身體癱軟無力
- 跳起身
- 使出蠻力
- 說話速度變快

表情變化

- 睜大雙眼
- 笑
- 閉上雙眼
- 表情呆滯
- 眼神閃躲
- 流淚

暫時性身體變化

- 發冷冒汗
- 流淚
- 心跳加速
- 喘不過氣
- 體溫上升
- 口渴
- 想上廁所
- 臉發紅
- 身體僵硬
- 雙腳顫抖
- 血壓上升

長時間身體變化

- 沒有食慾或食慾大增
- 腹瀉或便祕
- 失眠
- 焦躁不安
- 身體變沉重或變輕盈
- 無精打彩或精力旺盛
- 落髮或頭髮茂密
- 頭痛、胃痛等
- 憂鬱症

諸多身心關係的說法

關於心理（情緒）與身體反應之間的關係有好幾種論點。這裡為大家介紹的是產生情緒後才出現身體反應的「坎巴二氏情緒論」（Cannon-Bard theory），還有身體產生反應後才引起情緒的「詹郎二氏情緒論」（James-Lange theory），以及針對身體的反應加以判斷「為什麼產生這種反應」，然後再決定做出什麼情緒的「情緒二因論」（Schachter-Singer theory of emotion）。

心理以各種形式表現在身體上～

心下達指令 控制身體活動

心情愉快時，身體感到輕盈；心緒不安時，行動力變遲鈍，心理狀態和身體反應像這樣有著非常密不可分的關係。這是因為心理，亦即情緒向身體下達指令。

產生情緒的杏仁核針對所見所聞在短暫一瞬間進行好惡判斷。判斷為感覺良好，產生「快樂」等開心情緒；相反的，判斷為感覺不佳，產生「可怕」等不悅情緒，根據不同情緒向身體下達採取相對應的反應與行為。指令經大腦下視丘傳送至自律神經和內分泌系統，然後以流淚、流汗、身體顫抖、食慾不振、大增等身

心理與身體之間的關係

如下圖所示，向身體下達指令的大腦分為根據過往等經驗進行理性判斷的理性腦，以及根據當下狀態坦率表達情緒的感性腦，心理與身體之間緊密相連。

大腦和心理保持良好平衡

腦（理性）

只要按照平時的練習去做，就能確實完成。不可以緊張。（根據過往經驗，進行理性判斷。）

↓ 指令

心（情緒）

想要做得好，想要成功。（根據當時的狀態坦率表達情緒。）

↓ 指令

身體

適度緊張感有助於取得良好結果。

來自大腦的指令經由心理轉變成適當的行為表現在身體。

心理的比重高於大腦時

腦（理性）

↓ 指令

心（情緒）

↓ 指令

身體

肌肉因緊張變得僵硬，無法隨心所欲活動。

心理所占比重過高時，來自大腦的適當指令容易受到阻攔。

心理狀態表現於身體的機轉

心理（情緒）是大腦邊緣系統和大腦新皮質的產物，然後傳達至下視丘。下視丘再進一步[？]
延腦・脊髓傳送至自律神經。接著再由腦下垂體下達指令給內分泌系統，然後表現於身體。

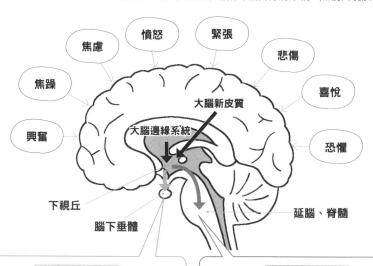

焦慮　憤怒　緊張　悲傷

焦躁　　　　　　　喜悅

興奮

大腦新皮質

大腦邊緣系統

恐懼

下視丘

腦下垂體

延腦、脊髓

內分泌系統

腦下垂體分泌的荷爾蒙溶解於血液中並運送至全身。抵達身體各部位後，於數小時或數天慢慢作用於身體。

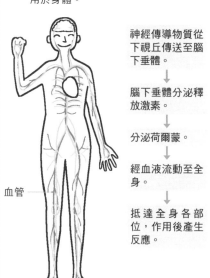

神經傳導物質從下視丘傳送至腦下垂體。

↓

腦下垂體分泌釋放激素。

↓

分泌荷爾蒙。

↓

經血液流動至全身。

↓

抵達全身各部位，作用後產生反應。

血管

自律神經系統

神經傳導物質經延腦・脊髓抵達各部位的周邊神經，於數秒、數分鐘內快速表現於身體。

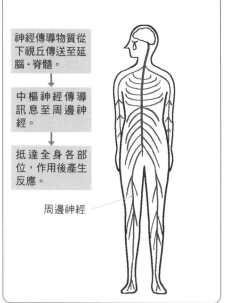

神經傳導物質從下視丘傳送至延腦・脊髓。

↓

中樞神經傳導訊息至周邊神經。

↓

抵達全身各部位，作用後產生反應。

周邊神經

控制身體的 2 種自律神經

自律神經 24 小時持續控制內臟和代謝等身體功能，分為促使身心活躍旺盛的交感神經和促使身心休息放鬆的副交感神經。交感神經的功用如同油門，副交感神經則如同煞車，身心狀態根據各自的作用而產生變化。舉例來說，交感神經位於優勢時，血壓和心跳數上升，工作和運動表現相對較佳。另一方面，副交感神經位於優勢時，血壓和心跳數下降，雖然身心處於不適合活動的狀態，但心情安定放鬆，有助於充分休息和消除疲勞。

2 種自律神經的運作時機

交感神經和副交感神經交互作用，必要時其中一方活躍運作。切換時機通常為白天和夜晚。

白天

交感神經

從早上起床到整個白天，交感神經逐漸活絡，身心活動也隨之活躍起來。

活躍運作的時機

・興奮時
・驚嚇時
・緊張時
・感到危險時
・感到不安時
・感到有壓力時

夜晚

副交感神經

隨著黃昏日落天色逐漸陰暗，身心進入放鬆狀態。

活躍運作的時機

・睡眠時
・用餐後
・泡澡時
・聽心情愉悅的音樂時
・輕度伸展運動時
・放鬆時

隨心理狀態改變的自律神經與身體變化

現在讓我們一起看看興奮時和放鬆時，自律神經中某一方變活躍的情況下，
我們的身體跟著產生什麼變化。

汗液

交感神經活絡　　　興奮

 外分泌腺收到指令而變活躍，促使排汗。

副交感神經活絡　　放鬆

 外分泌腺沒有收到排汗指令，抑制排汗。

支氣管

交感神經活絡　　　興奮

 呼吸道因肌肉擴張而變寬，呼吸用力且紊亂。

副交感神經活絡　　放鬆

 呼吸道因肌肉收縮而變狹窄，呼吸平穩緩慢。

心臟

交感神經活絡　　　興奮

 心跳數增加，血壓上升且脈動變快。

副交感神經活絡　　放鬆

 心跳數減少，血壓下降且脈動趨於緩慢。

胃

交感神經活絡　　　興奮

 腸胃蠕動受到抑制，胃酸的分泌和消化活動變緩慢。

副交感神經活絡　　放鬆

 腸胃蠕動旺盛，促進胃酸分泌和消化活動。

壓力導致自律神經失調紊亂

自律神經中的交感神經是身心狀態的油門，副交感神經則是身心狀態的煞車。兩者處於平衡狀態，身體才得以保持健康。其中某一方的自律神經過於活躍，導致兩者間失衡時，就可能引發各種不適症狀。尤其壓力更是導致自律神經失調紊亂的一大原因。

感到壓力時，交感神經為了克服壓力會全速運作，這時候容易使身心處於興奮狀態。這個狀態持續過久容易使副交感神經系統的運作受到抑制，進而引發食慾不振、疲勞難以消除等各種身體不適症狀。

緊張時想跑廁所的原因

緊張時容易想上廁所的原因是緊張和壓力導致自律神經失調，進一步使膀胱收縮而產生尿意。

緊張的時候

想上廁所

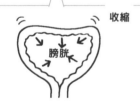

收縮

膀胱

交感神經活躍

膀胱肌肉收縮導致膀胱無法充滿及儲存尿液，因此容易產生尿意。

放鬆的時候

鬆弛

膀胱

副交感神經活躍

膀胱肌肉鬆弛，膀胱能夠充分儲存尿液。睡眠中能夠長時間不上廁所，就是因為副交感神經處於優勢。

自律神經失衡時，表現於身體上的各種症狀

自律神經失衡，某一方變得特別活躍或兩者之間無法順利切換時，身體各器官容易出現各種形式的不適症狀。

肌肉

肌肉的血液循環不順暢，肌肉維持收縮狀態而變僵硬，容易出現肌肉痠痛、手腳發麻、冰涼等症狀。

胃腸

胃腸等無法充分進行消化活動、出現便祕或腹瀉症狀、胃酸分泌過多造成胃痛。

心臟

長期感到壓力，一直處於交感神經活絡的狀態下，除了血壓上升、心跳數增加，也可能出現心悸、心律不整等現象。

肺、氣管、支氣管

呼吸急促、胸悶、呼吸困難、容易感覺喘不過氣。壓力過大時可能出現過度換氣現象。

生殖器官

男性為勃起功能障礙，女性為生理期紊亂或PMS（經前症候群）症狀惡化。也可能出現性慾降低的現象。

眼睛和耳朵

長期感到壓力，一直處於交感神經活躍的狀態下，可能因為淚液分泌減少而引起乾眼症，或者耳朵血管收縮導致血液循環變差而引起耳鳴。

全身

副交感神經過於活躍，即便白天也可能出現身體疲累、不想動、想睡、恍神等症狀。

心理

具減輕壓力作用的荷爾蒙分泌不足，造成憂鬱、焦慮、焦躁不安的情緒蠢蠢欲動。

您知道嗎？

現代人的交感神經容易處於優勢

在容易感到壓力的現代社會裡，交感神經普遍有過於活絡的傾向。調整自律神經使其平衡的方法並非消減交感神經或強化副交感神經，而是適度同時提升兩者的功能。

原因不明的身體不適症狀可能是自律神經失調造成！

荷爾蒙是輔助「心理」的物質

情緒促使荷爾蒙分泌

荷爾蒙和自律神經一樣，配合心理（情緒）狀態由全身各部位分泌。舉例來說，感到緊張的時候，身體分泌荷爾蒙促使增加來自心臟的血液量、促使增加血液中的葡萄糖（能量來源），讓身體更為活躍。這一類的荷爾蒙分泌主要由生成荷爾蒙的腦下垂體和甲狀腺等內分泌腺於受到情緒刺激時運作。分泌的荷爾蒙經由血液運送至標的細胞，然後產生各種身體反應或情緒。

心理變化促使荷爾蒙分泌並發揮作用

緊張的時候，心跳加速且全身冒汗。這是大腦指令促使分泌的荷爾蒙作用於自律神經（交感神經處於優勢），進而表現於身體上的反應。

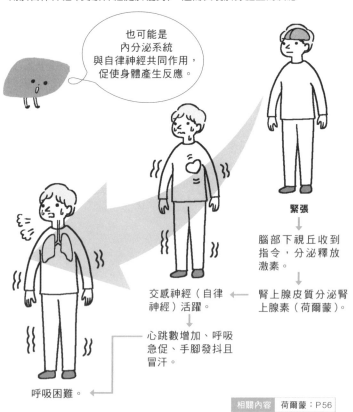

也可能是內分泌系統與自律神經共同作用，促使身體產生反應。

緊張
↓
腦部下視丘收到指令，分泌釋放激素。
↓
腎上腺皮質分泌腎上腺素（荷爾蒙）。

交感神經（自律神經）活躍。
↓
心跳數增加、呼吸急促、手腳發抖且冒汗。

呼吸困難。

相關內容　荷爾蒙：P56

與心理相關的各種荷爾蒙

荷爾蒙由全身各種不同器官分泌。部分荷爾蒙因心理狀態產生變化而分泌，部分則是荷爾蒙分泌導致心理狀態產生變化。

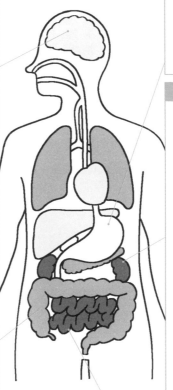

腦部分泌

多巴胺

俗稱：快樂荷爾蒙

熱中於某件事物、談戀愛、快樂時、興奮時分泌的荷爾蒙。帶來成就感與快感。

β-腦內啡

俗稱：腦內麻藥

過度使用肌肉、受到疼痛與壓力刺激時大量分泌的荷爾蒙。心情變得高亢，擁有幸福感。

催產素

俗稱：愛情荷爾蒙

憐愛的情感、對親密愛人的肢體接觸促使催產素的分泌。除了容易分泌母乳、還具有幸福感、美肌、減重效果。

腸道分泌

血清素

俗稱：快樂荷爾蒙

日光浴、規律運動、整頓腸道環境有助於提高分泌量。具鎮靜、減輕壓力和放鬆效果。

胃部分泌

飢餓素

俗稱：空腹荷爾蒙

身體能量不足時，胃分泌飢餓素讓我們感覺肚子餓並增加食慾。

腎上腺皮質分泌

腎上腺素

俗稱：戰鬥荷爾蒙

感到危險或興奮時分泌的荷爾蒙。作用於調整自律神經，使血壓上升、心跳數和呼吸次數增加。

正腎上腺素

俗稱：壓力荷爾蒙

感到焦躁不安或恐懼時分泌的荷爾蒙，有助於提高判斷力和記憶力等。另外也具有減輕壓力、增加幹勁的效果。

皮質醇

俗稱：壓力荷爾蒙

感到壓力和起床時分泌的荷爾蒙，抑制壓力造成腦功能下降和免疫力降低。

卵巢分泌

雌激素

俗稱；女性荷爾蒙

月經後和排卵前的分泌量增加，打造女性優美線條。保持頭髮和肌膚的光滑細緻，穩定自律神經、讓人心情開朗。

睪丸·卵巢分泌

睪固酮

俗稱：男性荷爾蒙

男性於胎兒期和青春期時分泌，打造男性的肌肉和骨架。在精神方面，荷爾蒙具有提高精力、競爭心態、冒險精神等行動力的效果。

還有其他各式各樣與心理有關的荷爾蒙。

心情也與荷爾蒙有關

心情和心理狀態也深受荷爾蒙的影響。舉例來說，多巴胺這種荷爾蒙讓我們產生幹勁並帶來積極的態度。照射充足的陽光所生成的血清素讓我們心情鎮靜且充滿幸福感。但身體因為荷爾蒙作用產生異常、荷爾蒙分泌量過多或過少，都可能引發成癮症或憂鬱症等嚴重疾病。發病於冬季的冬季憂鬱跟日照時間減少，血清素不易生成有關，這也再三顯示荷爾蒙的平衡與心理平衡有密切關係。

季節變化與血清素之間的關係

沐浴在清晨陽光下，有助於血清素的分泌，而血清素向來有「快樂荷爾蒙」之稱。根據研究結果可知日照時間長的夏季和日照時間短的冬季，血清素的分泌量不一樣，這也是冬季憂鬱症患者比較多的原因之一。

夏季

日照時間長，腦內的血清素分泌量較多，不容易引發憂鬱。

冬季

日照時間短，腦內的血清素分泌量減少，容易引發憂鬱。

不同季節的血清素分泌量

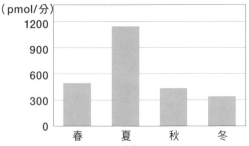

（pmol/分）

出處：Lambert, et al. Lancet, 2002

夏季竟然會分泌這麼多的「快樂荷爾蒙」！

210

荷爾蒙未能正常分泌時會出現的症狀

荷爾蒙分泌是一種身體防禦反應。分泌量過多或過少都可能造成荷爾蒙無法發揮正常功能，進而引發身體不適症狀。

腎上腺素分泌量過多時…

感到壓力和緊張時，腎上腺素分泌量增加，超過一定程度後，身體反而因為僵硬而無法隨心所欲地活動，或者想睡卻又睡不著。

瘦體素分泌量減少時…

睡眠不足或壓力等刺激、肥胖時，感到飽足的瘦體素分泌減少，取而代之的是飢餓素的分泌量增加。飢餓素使身體產生空腹感，進而促進食慾。

雌激素分泌量減少時…

壓力或過度減重導致雌激素分泌減少，這也是生理期不順或無月經的原因。進入更年期後，雌激素分泌急速驟降，進而引起更年期障礙。

多巴胺分泌量過多時…

多巴胺的分泌因興奮等刺激而增加，但分泌過量時又會進一步尋求興奮。一般認為賭博成癮等也和荷爾蒙分泌有關。

催產素分泌量減少時…

肢體接觸或憐愛心情減少時，催產素的分泌量跟著減少，容易導致對壓力的承受度變差、容易感到孤獨或焦慮不安。

褪黑激素分泌量減少時…

天色變暗時，褪黑激素的分泌量開始增加，若夜晚持續使用智慧型手機，藍光會抑制褪黑激素的分泌，進而導致睡眠品質降低、生物節奏性紊亂。

香味促進荷爾蒙分泌的機轉

芳香療法等透過香味成分的作用促使荷爾蒙分泌。

1 香味成分進入鼻腔，刺激位於鼻腔深處的嗅神經。

2 嗅神經將刺激轉換成電訊號，然後傳送至大腦邊緣系統。

3 從大腦邊緣系統傳送至下視丘。

4 下視丘下達指令至腦下垂體，分泌能夠放鬆心情的荷爾蒙。

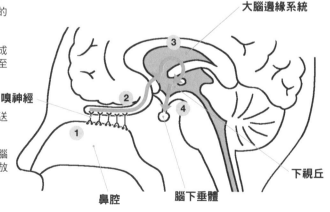

大腦邊緣系統

嗅神經

鼻腔

腦下垂體

下視丘

為什麼生氣時體溫會上升

憤怒使交感神經活化，體溫跟著升高。這種體溫升高的機轉和疾病引起發燒時完全不一樣。

感到憤怒
‖
腦部下視丘釋放作用於交感神經的神經傳導物質
‖
傳送至延腦・脊髓
‖
傳送至周邊神經
‖
交感神經作用下，活化褐色脂肪細胞
‖
產生熱量
‖
體溫上升

為什麼感動時會起雞皮疙瘩

起雞皮疙瘩是人類進化後遺留下來的功能，過去人類的體毛多，豎起毛髮有助於體溫上升。

感動時
‖
腦部下視丘作用於腦下垂體
‖
腦下垂體命令腎上腺皮質分泌腎上腺素
‖
分泌腎上腺素
‖
交感神經活化
‖
豎毛肌（肌肉）收縮
‖
起雞皮疙瘩

為什麼有趣的事使我們發笑

感覺有趣時，大腦下達指令給顏面神經並作用於表情肌。露出笑容是一種與生俱來的能力，原因至今尚不明確。

覺得有趣時
‖
腦部下視丘釋放作用於顏面神經的傳導物質
‖
顏面表情肌運作，露出笑容

為什麼看到美食會流口水

味道、看到的食物和過去的美味記憶重疊時，口水會不自覺流下來。這樣的反應稱為條件反射。

嗅覺和視覺訊息和過去的美味記憶相符合
‖
在條件反射作用下，大腦皮質將刺激經神經傳導至腦幹的唾液分泌中樞
‖
命令唾液腺分泌唾液
‖
流口水

為什麼愈在緊要關頭愈能取得好結果

適度的緊張感促使分泌荷爾蒙，進一步活化大腦。

身處緊要關頭或感到危機
‖
腦部下視丘作用於腦下垂體
‖
腦下垂體下令腎上腺皮質分泌正腎上腺素
‖
分泌正腎上腺素
‖
交感神經活化
‖
腦部血液循環變好
‖
頭腦清晰

為什麼聽到巨大聲響會因為驚嚇而全身顫抖

巨大聲響容易讓人產生危機感，促使交感神經出於本能而自行啟動。這就是自我防衛機制。

被巨大聲響嚇到
‖
腦部下視丘釋放作用於交感神經的神經傳導物質
‖
傳送至延腦・脊髓
‖
傳送至周邊神經
‖
交感神經作用下，肌肉收縮
‖
身體顫抖

為什麼有煩惱時容易睡不著

睡前過度用腦的話，大腦容易陷入緊張狀態，進而使副交感神經系統切換至交感神經系統。

感到煩惱或焦慮時
‖
腦部下視丘釋放作用於交感神經的神經傳導物質
‖
傳送至延腦・脊髓
‖
傳送至周邊神經
‖
交感神經活化，副交感神經受到抑制
‖
身體進入活動模式，無法順利入睡

是像這樣因腦、神經、荷爾蒙的作用而引起。

Man & Woman

男女性的心理韌性有差別嗎？

女性多憂鬱症 男性則多過勞死

根據統計結果顯示女性容易罹患憂鬱症，患病機率約為男性的2倍。原因在於女性經歷初經、懷孕、生產等特別的人生大事，再加上每個月報到的生理期，這些都會導致雌激素分泌量產生變化。

雌激素不僅能提高卵巢功能，還具有穩定自律神經，使心情保持開朗的作用。因此，女性容易有時而心情鬱悶時而心情愉悅的週期性情緒變化。但這並不代表男性不會罹患憂鬱症，而是男性即便面臨情緒低落的狀態也多半不願意前往醫院就診，因此被診斷為憂鬱症的病例數相對較少。而且男生身心再難受也多

半抱持「我必須更加努力」的想法，繼續硬拼下去，等到真正需要就醫時，病情往往已經相當嚴重，這也是男性發生過勞死的機率大於女性的原因。

另一方面，根據報告顯示，心理承受壓力時，男性的血壓比女性更容易飆升。相較於女性，男性的血管壁彈性較差，一點點壓力就容易造成血壓上升，連帶提高心肌梗塞等心臟疾病的致死率。

如上所述，雖然憂鬱症的罹患機率和過勞死數量的確存在男女性差異，但並不代表男女性的心理韌性有差別。

男性面臨壓力時容易有血壓上升的情況

下圖為男女性面臨心理壓力時，血壓反應的差異。

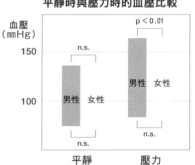

平靜時與壓力時的血壓比較

血壓（mmHg）

$p < 0.01$

n.s.

150

男性　女性

100

男性　女性

n.s.

n.s.

平靜　　壓力

出處：Munakata M et al. Hypertens Res

在心臟和血管方面，男性比女性更容易受到壓力的影響。

女性荷爾蒙平衡隨著生理期與年齡而改變

女性的荷爾蒙隨著年齡增長而改變。另外，在更年期停經之前，月經週期也會影響荷爾蒙平衡。

女性的2種荷爾蒙在1個月內產生的變化

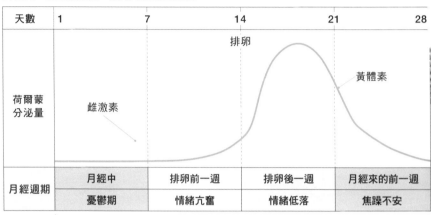

天數	1	7	14	21	28
月經週期	月經中	排卵前一週	排卵後一週	月經來的前一週
	憂鬱期	情緒亢奮	情緒低落	焦躁不安

隨著年齡而產生變化的女性雌激素

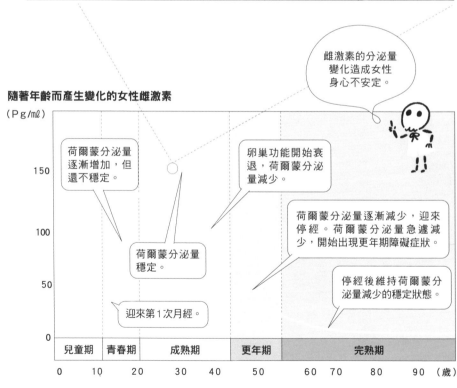

雌激素的分泌量變化造成女性身心不安定。

荷爾蒙分泌量逐漸增加，但還不穩定。

卵巢功能開始衰退，荷爾蒙分泌量減少。

荷爾蒙分泌量逐漸減少，迎來停經。荷爾蒙分泌量急遽減少，開始出現更年期障礙症狀。

荷爾蒙分泌量穩定。

停經後維持荷爾蒙分泌量減少的穩定狀態。

迎來第1次月經。

索引

解讀健康檢查報告

	檢查項目	臨床說明及意義
體格檢查	身高	用於計算BMI值。
	體重	用於計算BMI值。
	BMI	衡量肥胖、正常、太瘦程度。
	腹圍	估算腹部的內臟脂肪。作為判定代謝症候群的指標。
	體脂肪	檢查體內脂肪重量占總體重的比例。
視力檢查	裸視視力	未配戴眼鏡或隱形眼鏡所測得的視力。
	矯正視力	配戴眼鏡或隱形眼鏡所測得的視力。
聽力檢查	1000Hz	低音頻聽力檢查。
	4000Hz	高音頻聽力檢查。
血壓	收縮壓	測量心臟收縮時，血液施加於血管壁上的壓力，可作為診斷血壓異常的指標。
	舒張壓	測量心臟舒張時，血液施加於血管壁上的壓力，可作為診斷血壓異常的指標。
血脂肪檢查	總膽固醇	高密度脂蛋白膽固醇和低密度脂蛋白膽固醇的總和。
	高密度脂蛋白膽固醇	好膽固醇的數量。動脈硬化的診斷指標。
	低密度脂蛋白膽固醇	壞膽固醇的數量。動脈硬化的診斷指標。
	三酸甘油酯	皮下組織和內臟脂肪的總量。可作為診斷代謝症候群的指標，但容易產生變動。
	非高密度脂蛋白膽固醇	總膽固醇除去高密度脂蛋白膽固醇以外的膽固醇總和。可作為高脂血症的診斷指標。
血液常規檢查	血球容積比	紅血球在血液中所占體積之比例。搭配血色素的數值可作為貧血的診斷指標。低於正常範圍疑似貧血。
	血色素	血液中血液色素的含量。是貧血的診斷指標之一，低於正常範圍疑似貧血。反之，血色素值過高可能是多血症或脫水。
	紅血球計數	紅血球數量過多時，疑似多血症、睡眠呼吸中止症；數量過少時，疑似臟器出血或月經異常出血等，常用於檢查貧血原因。
	白血球計數	白血球數量過多時，疑似身體遭到病原體入侵。測量白血球數量的增減可作為疾病惡化或康復的指標。
	血小板計數	無論數量過多或過少，都疑似罹患血液相關疾病。白血病、肝硬化、貧血等。
	澱粉酶	測量胰臟和唾液腺分泌的消化酵素量。數值異常時，疑似罹患胰臟、肝臟、膽道、唾液腺相關疾病。

檢查項目		臨床說明及意義
肝膽功能檢查	AST（GOT）	AST和ALT皆為肝臟細胞內的某種酵素量。可以作為肝功能障礙的診斷指標。僅AST過高時，疑似急性心肌梗塞、肌肉疾病等。
	ALT（GPT）	AST和ALT數值皆過高時，疑似急性肝炎等肝功能障礙。
	γ-GTP	膽道分泌的酵素量，與肝臟解毒作用有關。可以作為肝功能障礙的診斷指標。飲酒過量或膽道疾病會使γ-GTP值升高。
	ALP	釋放至膽汁的酵素量。數值偏高疑似罹患膽汁滯留症等膽道疾病。
	總蛋白	血液中的所有蛋白質總量。是肝功能‧腎功能障礙的診斷指標之一。
	白蛋白	約占總蛋白的6成。數值偏低疑似營養不良或肝功能異常。
	總膽紅素	紅血球所含的色素量。膽紅素增加會出現皮膚呈黃色的黃疸現象。數值偏高疑似罹患肝病或膽道相關疾病。
	LDH	作用於將醣類轉換成熱量的酵素量。數值偏高疑似罹患白血病、心肌梗塞、肝炎等疾病。
血糖檢查	飯前空腹血糖	檢驗當天還沒吃早餐前所測得的血糖值。有助於早期發現糖尿病。
	HbA1c（HGSP）	葡萄糖與紅血球內血色素的結合比例。觀察過去1～2個月的平均血糖狀態，有助於早期發現糖尿病。
腎功能檢查	尿酸	細胞被分解後的老舊廢物，正常情況下會釋放至尿液中。是早期發現痛風或腎衰竭的診斷指標。
	肌酸酐	肌肉代謝產生的分解廢物之一。數值偏高疑似腎功能異常，若只是略微偏高，不會有太大問題。
	eGFR	腎絲球每分鐘過濾的血液量。是腎臟病的病期指標。數值愈低，表示腎臟功能愈差。
	尿素氮	血液中尿素所含的氮氣成分。數值偏高疑似腎功能異常。
尿液檢查	尿蛋白	檢查尿液中的蛋白質濃度。－為陰性，＋為陽性，陽性代表疑似腎功能異常。而（＋／－）表示需要留意。
	尿潛血	檢查尿液中是否混入血液。－為陰性，＋為陽性，陽性代表疑似腎臟、輸尿管、膀胱、尿道可能有出血情況。而（＋／－）表示需要留意。
	尿糖	檢查尿液中的糖分濃度。－為陰性，＋為陽性，陽性代表疑似腎功能異常。而（＋／－）表示需要留意。
	尿膽素原	血液中的膽紅素被分解後成為尿液成分。數值偏高可能是肝炎等肝功能障礙，若沒有檢驗出肝功能異常，疑似膽道閉鎖。
胸部X光檢查	胸部X光	一般稱為X光攝影。檢查肺臟、心臟等呼吸器官或循環器官是否異常。
心電圖檢查	心電圖	以波段記錄心跳，檢查心臟狀態。即便有異常現象，也不代表心臟一定有問題。

○監修簡介

工藤孝文

本內科醫師、糖尿病專科醫師、整合醫療醫師、中醫師。日本內科學會、日本糖尿病學會、日本高血壓學會、日本肥胖學會、日本東洋醫學學會、日本抗衰老醫學會、日本女性醫學學會、小兒慢性疾病指定醫師。福岡大學醫學院畢業後，前往愛爾蘭、澳洲留學。目前以福岡縣三山市工藤內科院長的身分致力於地區醫療。參與NHK「あさイチ」、日本電視台「世界一受けたい授業」等電視節目的演出。撰寫和監督編修的書籍多達上百冊，其中不少書籍榮登亞馬遜暢銷排行榜。

STAFF

圖像提供／アフロ
插畫／秋葉あきこ
裝幀／俵社（俵拓也、吉田野乃子）
內文設計・DTP ／ダグハウス（春日井智子）
執筆協力／菅原嘉子、入澤宣幸
編輯協力／株式会社スリーシーズン（藤門杏子）
編輯／朝日新聞出版 生活・文化編集部（上原千穂）

參考文獻
『からだのしくみ事典』（成美堂出版）／『よ～くわかる最新からだのしくみとふしぎ』（秀和システム）／『徹底図解 からだのしくみ』（新星出版社）／『筋トレと栄養の科学』（新星出版社）／『オールカラー解剖学の基本』（マイナビ出版）／『オールカラー免疫学の基本』（マイナビ出版）／『運動・からだ図解 新版 生理学の基本』（マイナビ出版）／『オールカラー生理学の基本としくみ』（ナツメ社）／『筋肉の機能・性質パーフェクト事典』（ナツメ社）／『筋肉をつくる食事・栄養パーフェクト事典』（ナツメ社）／『自律神経 名医が教える！ 健康寿命を延ばして元気になる知恵』（朝日新聞出版）／『はたらくホルモン』（講談社）／『オトコの病気 新常識』（講談社）／『オンナの病気 新常識』（講談社）／『人体のしくみと病気がわかる事典』（西東社）／『からだのしくみ 病気のメカニズム』（日東書院）／『人体大図鑑』（ニュートンプレス）／『学研の図鑑LIVE人体』（学研プラス）／『ニューワイド学研の図鑑 人のからだ』（学研プラス）／『50の事物で知る 図説 医学の歴史』（原書房）

健身、減重必讀人體操作手冊
超・基礎人體學

出　　　版／楓葉社文化事業有限公司
地　　　址／新北市板橋區信義路163巷3號10樓
郵 政 劃 撥／19907596 楓書坊文化出版社
網　　　址／www.maplebook.com.tw
電　　　話／02-2957-6096
傳　　　真／02-2957-6435
監　　　修／工藤孝文
翻　　　譯／龔亭芬
責 任 編 輯／陳鴻銘
內 文 排 版／楊亞容
港 澳 經 銷／泛華發行代理有限公司
定　　　價／480元
出 版 日 期／2024年5月

國家圖書館出版品預行編目資料

健身、減重必讀人體操作手冊：超・基礎人體學／ 工藤孝文監修；龔亭芬譯. -- 初版. -- 新北市：楓葉社文化事業有限公司, 2024.05　面；　公分

ISBN 978-986-370-679-3（平裝）

1. 人體生理學　2. 常識手冊

397　　　　　　　　　113004228